초등 공부 습관 바이블

초등 공부 습관 바이블

: 똑같이 하는데 탁월한 결과를 내는 아이는 무엇이 다를까?

초판 발행 2022년 6월 10일
3쇄 발행 2025년 2월 15일

지은이 하유정 / **펴낸이** 김태헌
총괄 임규근 / **팀장** 권형숙 / **책임편집** 김희정 / **교정교열** 김소영 / **디자인** 어나더페이퍼
영업 문윤식, 신희용, 조유미 / **마케팅** 신우섭, 손희정, 박수미, 송수현 / **제작** 박성우, 김정우

펴낸곳 한빛라이프 / **주소** 서울시 서대문구 연희로 2길 62 한빛빌딩
전화 02-336-7129 / **팩스** 02-325-6300
등록 2013년 11월 14일 제25100-2017-000059호 / **ISBN** 979-11-90846-43-1 13590

한빛라이프는 한빛미디어(주)의 실용 브랜드로 우리의 일상을 환히 비추는 책을 펴냅니다.

이 책에 대한 의견이나 오탈자 및 잘못된 내용에 대한 수정 정보는 한빛미디어(주)의 홈페이지나 아래 이메일로 알려주십시오. 파본은 구매처에서 교환하실 수 있습니다. 책값은 뒤표지에 표시되어 있습니다.
한빛미디어 홈페이지 www.hanbit.co.kr / **이메일** ask_life@hanbit.co.kr / **인스타그램** @hanbit.pub
네이버 포스트 post.naver.com/hanbitstory

지금 하지 않으면 할 수 없는 일이 있습니다.
책으로 펴내고 싶은 아이디어나 원고를 메일(writer@hanbit.co.kr)로 보내주세요.
한빛라이프는 여러분의 소중한 경험과 지식을 기다리고 있습니다.

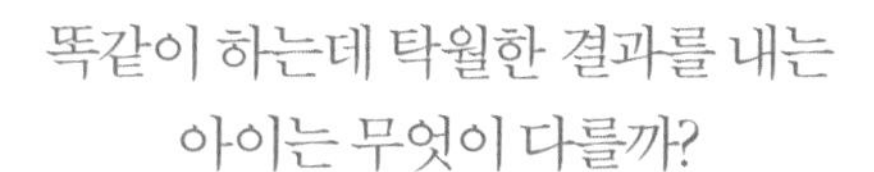
똑같이 하는데 탁월한 결과를 내는
아이는 무엇이 다를까?

초등 공부 습관 바이블

어디든학교 하유정 지음

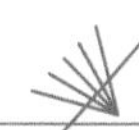

HB 한빛라이프

'똑같이 하는데 탁월한 결과를 내는 아이들'은 무엇이 달랐을까?

아기를 낳았던 그 순간을 잊을 수 없다. 출산의 고통 때문이 아니다. 세상 밖으로 나오려고 애쓴 핏기 어린 피부도, 살아있음을 알려주던 울음소리조차 애틋했다. 나는 누구보다 좋은 부모가 되고 싶었고, 그 어떤 역경 속에서도 내 자식만큼은 귀하게 키우겠다고 다짐했다. 지능 발달에 좋다는 클래식을 무한 반복해서 들려줬고, 원어민처럼 말하는 아이를 상상하며 영어 CD도 주야장천 틀어놓았다. 값비싼 교구와 유명 학원을 알아보기도 했다.

'만 4세가 되면 소근육을 키워 가위질과 같은 과업을 잘 이행해야 한다', '만 5세가 되면 문자를 인식하고 구분할 수 있어야 한다', '초등학교 입학 전에는 숫자와 글자를 어느 정도 읽고 쓸 수 있어야 한다'와 같은 육아 명제들을 기준 삼아 내 아이를 재단하기 바빴다.

행여나 기준에 미치지 못하는 모습이 아이에게 보이면 마음을 졸이며 내가 잘못하는 건 아닌지 죄책감에 사로잡히기도 했다. 잠든 아이 곁에서 이불을 뒤집어쓰고는 넘쳐나는 정보의 바닷속에서 갈 길을 잃고 떠밀려 다니느라 몸과 마음이 고단한 날이 반복되었다. 그랬다. 나도 대한민국의 평범한 부모이자 학부모였다.

신규교사 시절, 과목마다 100점에 가까운 점수를 받는, 그야말로 공부 잘하는 아이들이 눈에 들어왔다. 교과서 수준의 문제는 눈 감고도 풀고, 교과서를 달달 외운 듯 내 질문에 막힘없이 대답했다. 학교 수업을 마치고는 곧장 노란 봉고차에 올라타는 아이들을 보며 내 아이도 저렇게 공부 잘하는 아이로 크길 바랐다.

이전에 가르쳤던 아이들을 몇 년 후에 다시 맡을 때가 있었다. 아이들과의 재회는 언제라도 반갑지만 가끔씩 의아해졌다. 영원히 우등생일 것 같던 아이들이 평범하다 못해 평균에도 못 미치는 성적으로 떨어져 있었기 때문이다. '어렸을 땐 분명 잘했는데, 어떻게 된 거지?' 이런 일을 반복해서 겪으며 어느 순간 공부만이 능사가 아님을 깨달았다. 학업 성취도뿐만 아니라 모든 생활면에서 아이들을 성장시키는 건 지능이 아니었다.

매일같이 아이들을 만나다 보니 '이 아이는 뭐가 돼도 되겠다'라는 확신이 서는 아이들이 눈에 보인다. 여기서 말하는 뭐가 된다는 건, 자신이 하고 싶은 일을 찾아서 얼마나 진취적으로 살지, 자신의 능력에 걸맞은 지위를 가지고 합당한 보상을 받으며 주도적으로 살지를 예상한다는 말이다. 밝은 미래(혹은 어두운 미래)는 국어 90점, 영어 85점, 수학 95점과 같은 수치로 나타난 성적표가 아니라, 일상 속에서 자연스레 드러나는 특정 태도로 예상되며, 그 예상은 대체로 적중했다. 성적이 높지 않아도, 뛰어난 지능을 가지고 있지 않더라도 훌륭하게 장성한 내 제자들이 예증이다.

어엿하게 자란 제자들을 보며, 정작 나는 엄마로서 내 아이들의 뿌리를 보지 못한 채 겉으로 보이는 잔가지들만 가꾸고 있었다는 것을 깨달았다. 나는 엄마로서 미안함과 교육자로서 부끄러움에 얼굴이 발개지고 눈시울이 붉어졌다. 좋다는 건 다 해주려고 한 행동이 자식에 대한 지극한 사랑임은 분명했다. 하지만 아이의 행복과 성공적인 삶에서 가장 큰 걸림돌은 그릇된 사랑과 헌신으로 무장한 부모라는 것 또한 사실이었다.

사람들은 지능검사로 측정되는 지능지수로 아이의 성장 가능성을 염두에 두지 않고, 오로지 공부 잘할 아이만을 예측한다. 그리고 우리는 그런 통념이 만연한 세상에서 아이를 기르고 있다. '지적 재능을 계발시키려면 적어도 이 정도는 투자해야 한다'고 외치는 교육업체 광고 앞에서 흔들리지 않을 부모는 없다. '아이를 위한 투자'라는 명분 앞에서 부모의 판단력은 속절없이 흐려진다. 그래서일까? 불안을 자극하는 광고를 단 교구, 문제집, 전집일수록 불티나게 팔리고, 그런 학원일수록 당장 등록하겠다는 학생들로 넘쳐난다.

혹자는 누구보다 더 빠른 시기에, 더 많이 학습해야 한다고 주장한다. 예를 들어 과녁 맞히기는 매일 열 번 연습하는 것보다 매일 백 번 연습하는 게 기술력을 높이는데 도움이 된다. 한 달에 책을 세 권 읽는 학생보다 서른 권 읽는 학생이 문해력이 높을 가능성도 크다. 꽤 설득력 있는 주장이다. 연습량은 기술을 익히는 데 상당한 도움을 주기 때문이다. 하지만 남들보다 빠른 시작과 많은 연습량만으로 성과가 갈리는 건 아니다. 과녁 맞히기든 독서든 '좋은 감정으로, 포기하지 않고, 끝까지, 스스로' 하는 것이 우선이다.

20년 가까이 많은 아이들을 만나왔다. 누구 하나 빠짐없이 예쁘고 소중하다. 게다가 그들은 내게 무엇으로도 환산할 수 없는 귀한 깨달음을 주었다. 아이들의 마음가짐과 행동이 그들을 얼마만큼 성장하게 하는지, 부모의 마음가짐과 행동과 말 한마디가 자녀를 얼마만큼 성장시키는지 몸소 보여준 깨달음이었다.

'머리가 좋은데 성적은 왜 낮은 걸까?'

'어떻게 하면 스스로 공부하는 아이로 기를 수 있을까?'

'밝고 긍정적인 아이로 기를 수 있을까?'

'리더십을 기르려면 어떻게 해야 할까?'

'끈기 있게 공부하게 하려면 뭘 해야 하지?'

'아이가 실패했다고 울면 어떻게 해야 하지?'

'공부 정서를 높여주려면 무슨 말을 해야 할까?'

나는 아이들의 감출 수 없는 눈빛과 표정, 허심탄회하게 털어놓은 자신의 이야기들 속에서 이 모든 질문에 해답이 되는 네 가지 능력을 찾을 수 있었다. 성적이나 IQ처럼 측정하여 수치로 나타낼 순 없지만 공부 습관을 다지는 데 결정적 영향을 끼치는 '비인지능력, 바로 긍정성, 자율성, 근성, 회복탄력성'이다. 이 네 가지는 평범한 아이가 비범한 어른으로 자라는 데 필요한 태도로, 나를 거쳐간 수많은 아이들을 최신 학습과학 자료에 대입하며 얻어낸 결론이다.

긍정성, 자율성, 근성, 회복탄력성은 값비싼 교구나 유명 학습지로 길러지지 않으며 부모에게서 물려받은 타고난 재능도 아니다. 후천적 학습으로 길러지는 능력이므로, 부모는 죄책감을 가질 이유가 없고, 조금 부족해 보이더라도 아이의 가능성에 한계를 둘 이유는 더더욱 없다.

꼬박 두 해를 코로나라는 길고도 어두운 터널 속에서 보냈다. 어슴푸레 빛이 보이는가 싶더니 어느새 봄이고, 세상도 변해 있다. '눈 떠 보니 미래사회'라는 말을 실감한다. 그래서인지 너도나도 미래사회에 들어설 수 있다는 첨단기술을 익히려고 한다. 아이들에게 코딩과 프로그래밍을 가르치지 않으면 도태될 거라는 위기감이 밀려든다. 이럴 때일수록 숨을 골라야 한다. 변화 속도에 맞춰 이것저것 다 하다보면 아이는 뿌리를 내리지 못한다. 공부를 잘하는 아이로 키우고 싶다면 뿌리에 집중해야 한다.

성장을 돕는다는 건 아이가 부모에게서 독립할 수 있도록 차근차근 준비해야 한다는 의미를 포함한다. 그러자면 부모는 자녀를 둘러싸고 있던 울타리를 조금씩 넓혀주다 끝내는 걷어줘야 한다. 울타리 밖으로 뛰쳐나갈 아이가 걱정되는가? 급변하는 세상에 아이를 내려두기 불안한가? 너무 염려하지 말자. 지금부터 긍정성, 자율성, 근성, 회복탄력성을 차근차근 기른 아이는 공부 습관을 다지고 자신의 힘으로 상황을 조절해나갈 수 있다. 그렇게 아이는 어엿한 청소년으로 자라고, 꽤 근사한 어른이 될 것이다.

아이를 뜨겁게 사랑하기에 우리는 더 많이 고민하고 걱정한다. 지금 이 순간에도 좋은 엄마, 아빠가 되기 위해 고민하는 부모들에게 이 책을 건넨다. 부디 엄마이자 초등교사로 살며 얻은 17년간의 경험과 사랑하는 내 제자들이 알려준 깨달음이 부모의 고민을 조금이나마 누그러뜨리고 덜어주길 희망한다.

어느새 봄, 곧 여름

하유정 드림

차례

바른 공부 습관을 들이는 힘 2 자율성

'스스로 해보고 싶어지는' 일이 늘어야 내 공부의 주인이 된다

선천적 지능의 함정

우리는 아이의 IQ가 아니라
비인지능력에 주목해야 한다

* 책에 나오는 아이들의 이름은 모두 가명입니다.

IQ가 알려주는 것,
알려주지 않는 것

승후의 빛나던 지능은 어디로 사라진 걸까?

3학년 아이들과 함께하는 음악시간은 유독 분주하다. 동요에 맞춰 악기를 연주하는 날이면 너나없이 들썩거린다. 이런 분위기에도 아랑곳하지 않고 가만있는 아이가 있다. 승후다. 승후는 교과서 귀퉁이를 조금씩 구기더니 급기야 찢기 시작한다. 이쯤 되니 아이들도 하나둘 승후를 빤히 쳐다본다. 안되겠다 싶어 승후에게 말을 걸었다.

"승후야, 왜 그러니?"

"노래 부르기 싫어요."

"노래는 부르지 않아도 괜찮아. 악기 연주는 어때?"

"악기도 싫어요. 아무것도 안 할 거예요."

승후는 노래 부르기도 악기 연주도 싫다고 했다. 지금 상황만 보면 단순히 음악이 싫어서일 수도 있지만, 감춰진 또다른 원인이 있을 수 있다. 원인은 아이 내부에 있을 수도 있고, 아이를 둘러싼 외부에 있을 수도 있다. 우리는 표면적인 행동 뒤에 감춰진 원인을 파악해야 한다.

승후는 점심시간에 친구들과 술래잡기를 하다가 술래에게 가장 먼저 잡혔다는 이유로 술래와 실랑이를 벌였다. 그 탓인지 5교시 수업 내내 교과서를 구기며 수업을 듣지 않았다. 부정적인 감정이 승후의 마음과 행동을 지배한 것이다.

이 무렵에는 학교에서 전교생을 대상으로 지능검사와 인성검사를 실시했다. 지능검사 결과 승후는 상위 1%였고, 특히 수리·공간지각능력 점수가 높았다. 높은 지능 덕분인지 연산 문제를 푸는 속도가 남달랐고, 도형 단원에 나오는 칠교놀이도 누구보다 빨리 맞추었다. 승후는 누가 봐도 머리 좋은 아이였다. 하지만 다른 친구가 자기보다 잘하기라도 하면 활동을 멈추고 포기해버리기 일쑤였다. 해봤자 안 된다며 차라리 노는 게 낫다고 생각한 듯 보였다.

그로부터 3년 뒤, 나는 다시 승후의 6학년 담임이 되었다. 승후의 모습이나 행동은 3년 전과 비슷했지만 성적은 많이 달라져 있었다. 3학년 승후는 반에서 공부 잘하기로는 다섯 손가락 안에 꼽히는 아이였는데, 6학년 승후는 성적이 평균을 밑도는 아이로 바뀌어 있었다. 지능검사에서 특히 높은 점수를 받았던 수리·공간지각능력이 무색하게 수학 성적도 70점대를 유지하고 있었다.

승후의 빛나던 지능은 도대체 어디로 사라진 것일까? 사라진 게 아니라면 무엇으로 가려진 걸까? 승후를 보면서 학업 성취의 결정적인 요인이 지능이 아니라는 생각이 들었다. 승후는 다른 아이들보다 연산도 빠르고 어려운 퍼즐도 척척 맞추지만, 부정적인 감정을 잘 처리하지 못하고 쉽게 포기했다. 이런 습관이 승후의 뛰어난 지능이 빛날 기회를 잘라버렸다.

교실에는 승후처럼 머리는 좋지만 제 실력을 발휘하지 못하는 아이들이 꽤 많다. 초등 저학년 때는 공부를 할 때 크게 어려운 부분이 없다. 하교하는 아이들이 '오늘도 잘 놀았다'라고 표현하는 걸 보면 말이다. 배움과 놀이의 경계가 불분명한 시기이기 때문이다. 그러다 초등 중학년에 들어서면 과목이 세분화되고 학습량도 많아진다. 특히 3학년에 등장하는 수학의 나눗셈과 분수 단원을 어려워하는 아이도 있지만 기본 연산이 대부분이라 기본기만 있다면 잘 따라온다. 하지만 딱 여기까지다. 초등 고학년의 학습량은 이전과는 차원이 다르다.

지난 3년간 승후를 직접 지도하지는 않았지만 승후가 어떻게 학교생활을 했을지 눈에 선했다. 승후는 어려워진 교과 개념을 파고들기보다는 포기하는 일이 잦았을 것이다. 그러다 보니 3년 치 개념이 머릿속에 차곡차곡 쌓이지 못한 것이다. 게다가 기분 상한 일이 생기면 종일 얼굴을 찡그린 채 아무것도 하지 않았을 것이다. 제아무리 머리 좋은 아이라도 재능을 발휘할 기회 앞에서 두 손 들고 포기해버린다면 재능이 다 무슨 소용이 있겠는가?

감정이 출렁일 때 그 기복의 폭을 조절할 수 없다면, 지능이라는 재능이 드러날 틈이 없다. 사소한 일에도 마음이 상해 중요한 일을 망치거나, 실력을 발휘할 수 없다고 포기를 선택하면 상위 1% 지능은 언제 빛을 볼 수 있을까? 자신의 기분이 허락될 때, 성공이 보장되어 있을 때, 자신이 좋아하는 일일 때와 같은 조건들이 교집합을 이룰 때만 능력을 발휘할 수 있다면, 그 능력을 진짜 능력이라 말할 수 있을까?

◇◇◇◇◇◇◇◇◇◇◇ 아연이의 높은 성적은 어디서 비롯된 걸까?

6학년 아연이는 승후와 같은 반으로, 반에서 가장 똘똘한 아이이다. 학습뿐만 아니라 생활면에서도 눈에 띈다. 아연이는 승후가 평균 70점대를 받은 수학 시험 문제를 다 맞거나 실수로 한 문제 정도 틀린다. 아연이 역시 IQ가 높을 거라 예상했는데, 3년 전 지능검사 결과는 내 예상을 빗나갔다. 아연이 IQ는 상위 49%였다. 지능의 신화가 또다시 깨지는 순간이었다.

상위 1%와 상위 49% IQ는 학업 성취도에 유의미한 원인이 되지 못했다. 그렇다면 지능이 평범한 아연이가 어떻게 상위 1%인 승후도 받지 못한 성적을 받을 수 있었을까?

나는 지능 외에 아연이가 가진 또 다른 능력을 들여다보고 싶어졌다. 단원평가를 볼 때 보통 아이들은 10분, 20분 만에 시험을 끝내고 딴짓을 하는데, 아연이는 모르는 문제에 몇 번이고 도전하거나 잘못 푼 문제는 없는지 점검하느라 시험시간 40분을 꽉 채웠다. 일주일에 한두 편만 써도 되는 일기를 매일 써서 담임인 나에게 검사해달라고 했다. 아연이는 뭐든 열심히 하는 그런 아이였다.

우리는 흔히 머리 좋은 아이가 공부를 잘할 거라 여긴다. 어떤 아이는 특별히 노력하지 않아도 좋은 성적을 잘만 받는데, 어떤 아이는 남보다 몇 배로 공부해도 성적이 안 나온다. 이렇게 노력해도 극복하지 못하는 결과라면 지능 말고 무슨 차이가 더 있겠냐고 말하는 사람도 많다. 물론 타고난 지능 덕분에 좋은 성적을 내는 아이도 분명 있다. 하지만 한두 차례의 시험 결과로 일반화시킬 순 없다. 전 생애에 걸쳐 관찰해보면 이야기가 달라질 수 있기 때문이다.

꽤 잘하던 아이가 여러 변인으로 인해 성적이 떨어지는 경우는 부지기수다. 반대로 머리가 좋아 보이지 않았는데 뒷심을 발휘하여 중·고등학교에서 실력을 발휘하는 아이도 있다. 우리는 아연이의 행동에서 자녀에게 길러줘야 하는 진짜 능력의 실마리를 찾을 수 있다. 어쩌면 우리가 경외하는 타고난 지능은 우리 삶에 미치는 영향력이 미미할지도 모른다.

IQ는 아이의 잠재력 중 극히 일부일 뿐이다

중학생 시절, 학교에서 전교생을 대상으로 지능검사를 했다. 며칠 후 담임 선생님은 교무실로 나를 불러 내 지능검사 결과를 알려주었다.

"유정아, 너 IQ가 143이더라. 조금만 더 노력하면 더 좋은 성적도 낼 수 있을 것 같은데, 알아듣겠지?"

믿을 만한 수치인지 지금도 알 수 없지만 이미 내 어깨에는 힘이 잔뜩 들어갔다. 동시에 열심히 공부해도 좋은 성적을 받지 못하면 내 IQ는 거짓이 될 거라는 불안이 밀려들었다. 나는 성적이 나쁘면 내가 똑똑하지 않아서가 아니라 단지 노력을 안 했을 뿐이라고 사람들이 알아주기를 바랐다.

그때 나는 열심히 해도 좋은 성적을 받지 못할까 봐 두려웠고, 그럴 바엔 차라리 노력하지 않는 게 낫다고 여겼다. 그래서 나는 노는 모습을 가시적으로 보여주기도 했다. 그때 나는 사람들에게 영재로 보여야 한다는 잘못된 신념 때문에 노력을 포기했다.

요즘에는 학교에서 공식적으로 지능검사를 하지 않는다. 그래서

인지 꽤 많은 부모가 아이를 사설기관에 데려가 지능검사를 받게 한다. 부모는 지능검사에서 IQ가 높게 나오면 아이가 영재일지도 모른다고 기대한다. 반면 점수가 낮게 나오면 크게 실망한다. 하지만 IQ로는 무엇도 될 수 없다. 부모들이 바라는 좋은 직업은커녕 학급 임원도 보장받지 못한다.

물론 IQ가 높으면 공부를 잘할 수 있는 잠재력이 높을 순 있다. 그러나 발현되지 않는 잠재력은 말 그대로 잠재워진 채로 끝나는 능력일 뿐이다. 많은 부모가 지능검사에서 말하는 수치를 바탕으로 아이에 대한 기대치를 미리 그어둔다. 바로 이것이 IQ의 함정이다.

중학생이던 내가 IQ가 143임을 알게 된 순간부터 재능을 과신해 공부를 게을리했던 것도 IQ의 함정에 빠진 경우다. 반대로 IQ가 평균 혹은 평균을 밑도는 수준임을 아는 순간 자신에게 능력이 없다고 생각하고 노력을 하지 않는 것 역시 IQ의 함정에 빠진 경우다.

한때 지능검사와 성취도 평가가 사회에 성공적으로 공헌할 아이를 예측하는 데 중요한 척도로 쓰인 적이 있다. 하지만 지금은 이러한 결과가 아이가 성인이 된 후의 성공을 예측하지 못한다는 결론이 지배적이다.

영재교육의 권위자로 알려진 조지프 렌줄리는 우리 사회에서 가장 성공적인 인물 중 다수가 지능검사에서 95백분위수 이상의 점수를 얻지 못했다고 말했다. 신문이나 방송에서 떠들썩하게 다룬 영재들이 어른이 되어서는 매우 평범한 삶을 살아가고 있는 경우도 유사한 맥락이다. IQ만 가지고 기대치를 미리 정해두는 과오를 범하지 않도록 조심해야 한다. IQ는 아이의 무한한 잠재력 중 극히 일부에 해당하니 말이다.

◇◇◇◇◇◇◇◇◇◇◇◇ 근희를 전교 1등으로 만든 건 IQ가 아니다

중학교 3학년 때 반장이었던 근희는 야무지고 바른 성실한 아이였다. 근희는 누구보다 일찍 등교해서 교실 창문을 전부 열어두고 친구들을 맞이했다. 수업 시간에는 아무도 답하지 못하고 눈만 피하는 친구들을 대신해 큰 목소리로 대답하고, 쉬는 시간에는 개그맨 흉내를 내며 반 친구들에게 소소한 웃음을 주기도 했다.

시험을 일주일 앞둔 어느 날, 나는 근희와 함께 시험공부를 한 적이 있다. 나는 그제야 공부를 시작했지만 근희는 이미 시험 진도까지 한 번 아니 어쩌면 몇 번을 더 본듯 보였다. 시험이 코앞이라 조급한 나와 달리 이미 몇 번을 본 근희는 한없이 여유로워 보였다. 나는 근희에게 "몇 번이나 공부한 내용을 왜 또 보고 또 보냐?"라며 볼멘소리를 냈다. 펜을 바삐 움직이던 근희는 잠시 머뭇거리더니 "나는 머리가 안 좋아서 남들보다 몇 번을 더 봐야 해. 내 IQ는 110밖에 안되더라. 사실 네가 부러워." 라고 말했다.

처음 듣는 이야기였다. 근희 역시 담임 선생님이 불러 지능검사 결과를 알려주었다고 했다. 그날 지극히도 평범한 IQ에 속상했지만, 더 속상한 건 담임 선생님의 표정과 말투였다고 했다.

근희는 그날 평범한 지능을 가진 자신이 평균을 뛰어넘는 성과를 내려면 남들보다 곱절로 노력해야 한다고 마음먹었다고 한다. 그래도 이렇게 성실하게 공부하면 IQ의 한계를 분명 넘어설 거라 굳게 믿었다고도 한다. IQ가 남보다 높다는 이유로 주변을 의식하며 노력을 덜 기울였던 나와는 참으로 비교되었다.

근희는 일주일 후에 본 중간고사에서 전교 1등을 했다. 그 이후로도 세 손가락 안에 꾸준히 꼽힐 정도로 좋은 성적을 유지했고, 전교 회장으로 뽑혀 리더십도 인정받았다. 이후 우수한 성적으로 서울대 법대에 입학했고, 지금은 유명 로펌에서 변호사로 일하고 있다.

근희의 삶에서 지능은 얼마나 큰 견인차 구실을 했을까? 정확히 알 순 없지만 확실한 건 근희는 누구보다 성실했고, 근성을 가지고 목표를 이루고자 했으며, 친구들이 노력파라며 은근슬쩍 무시하는 태도에도 웃으면서 대처하는 아이였다는 점이다.

예술적 감각, 수학적 감각, 공간적 감각, 신체적 능력은 유전적 영향을 무시하기 어렵다. 우리는 이런 지능을 비롯한 여러 종류의 재능을 '선천적 재능'이라 못박고, '타고난'이라는 선망 담긴 수식어를 붙인다.

지능이 고정적인지 변화할 수 있는지에 대한 의견은 여전히 분분하다. 지능에 대해서는 고정적 신념entity theory 또는 증가적 신념incremental theory을 가진 입장으로 나뉘는데, 이 중 어떤 신념이 학습에 긍정적 영향을 미칠 것 같은가?

지능이 고정되었다고 믿는 경우에는 지능이 낮다고 평가받을까 두려워 도전적인 상황을 어떻게든지 회피하려고 하는 경우가 많다. 또 누구보다 뛰어난 것, 1등 하는 것과 같이 타인과의 비교 속에서 학습 목표를 결정하는 경향을 보인다. 그리고 성공을 보장하는 쉬운 과제를 선택하려고 한다. 결과적으로 진짜 배움을 지향하기보다 눈에 보이는 결과 중심의 배움을 선택하는 경우가 많다.

반면 지능이 변할 수 있다고 믿는 경우에는 타인과의 비교에서 벗어나 내가 만족하는 배움을 추구하는 경향을 보인다. 즉, 비교나 경쟁의 대상이 '과거의 나'이므로 진짜 배움으로 향하는 데 더욱 더 긍정적이다.

지능이 개선된다고 믿으면 성적이 올라간다

고정적 신념에 대한 흥미로운 실험이 있다. 60대에서 80대 연령인 사람들에게 '노화가 기억력에 얼마나 큰 영향을 미치는지'를 연구한 기사를 읽게 한 뒤 기억력을 테스트했는데, 성취도 평균이 44%였다. 조건이 같은 대조군에게는 기사를 보여주지 않고 테스트를 진행했는데, 성취도 평균이 58%였다. '아마도 그럴 것이다', '나도 이에 속할 것이다'라는 마음가짐은 지적·신체적 능력을 테스트하는 것과 같은 단발성 테스트의 결과에 영향을 미칠 수 있다는 것을 보여주는 실험이다.

'나는 IQ가 낮아서…', '여자는 수학에 약하다던데…', '예체능은 특별한 재능이 있는 아이만 잘할 거야'와 같은 무의식적이고 고정적인 신념이 아이들에게 얼마나 투영되었을까? '여자라서 잘 못해', '머리가 나빠서 잘 못하는 거야'와 같이 고정적 신념에 갇힌 말과 행동을 자녀에게 하는 건 아닌지 점검해봐야 한다.

"유정아, 나 학교에서 다시 지능검사했는데 IQ가 130이 나왔어. IQ도 열심히 공부하면 높아지나 봐."

고등학생이 된 근희가 내게 했던 말이다. 그렇다. 지능은 고정적이지 않고 노력에 의해 높아지기도 하며 연령에 따라서 변하기도 한다. 하지만 IQ가 고정적이든 유동적이든 근희의 성취 결과에는 큰 요인으로 작용하지 않았을 거라 확신한다. 우리에게 지능이 고정적 능력인지, 개선 가능한 유연적 능력인지에 관해 진위를 판단하는 것은 중요하지 않다. 우리에게 더 의미 있는 것은 '지능이 유연하다는 것을 믿기만 해도 학업 성취도가 높아진다'라는 사실이다.

스탠퍼드대 심리학과 교수인 캐롤 드웩은 지능도 개선될 수 있다는 믿음을 가진 사람들, 즉 성장형 마음가짐을 가진 사람들과 그렇지 않은 사람들을 둘로 나누고 그들의 성적 추이를 분석했다. 결과는 지능도 개선될 수 있다고 믿는 학생들의 성적이 점점 높아졌다.

지능을 개선하는 것이 쉬울까? 마음가짐을 개선하는 것이 쉬울까? 당연히 마음가짐을 개선하기가 훨씬 쉽다. 비싼 교구를 들이기보다 마음가짐을 바꾸는 것이 먼저다. 어떤가? 돈이 드는 것도 아닌데 해볼 만하지 않은가?

◇◇◇◇◇◇◇◇◇◇ 성공한 삶은 태도와 습관으로 결정된다

초등학교에서 학생들을 가르친 지 17년째다. 대학생 때부터 아이들을 가르쳤으니 그것까지 더하면 20년이 넘는다.

1997년 IMF로 아버지께서 하시던 사업이 한순간에 부도가 났고, 우리 네 식구는 단칸방에서 몇 년을 보냈다. 가정형편이 좋지 않아 대학 등록금을 비롯하여 모든 생활비를 중·고등학생 과외 아르바이트로 메웠다. 다행히 족집게 과외 선생님으로 입소문이 나 일주일에 쉬는 날 없이 하루에 과외를 두세 개씩 했다.

과외는 대부분 두 명에서 여섯 명으로 묶은 그룹 형태였다. 그래서 각기 다른 기질과 성격을 가진 중·고등학생을 많이 가르칠 수 있었다. 아이들이 과외를 시작하게 된 계기는 다양했다. 엄마가 시켜서 과외를 하게 된 아이, 특정 과목이 힘들어서 스스로 시켜달라고 한 아이, 친구 따라온 아이도 있었다.

수업 태도와 모습도 아이마다 확연히 달랐다. 이해가 빠르고 암기를 잘하는 아이들이 대체로 수업을 잘 따라왔다. 당연히 그런 아이들이 시험 점수도 높을 거라 기대했는데 결과는 내 예상을 빗나가곤 했다. 그럴 때마다 의문이 들었다. 이해도 곧잘 하고 암기력도 뛰어난 아이인데 왜 성적이 안 나올까?

반면 개념을 도무지 이해하지 못하겠다며 몇 번이고 다시 설명해달라고 하는 아이들도 있었다. 신기하게도 이런 아이들이 오히려 기대보다 훨씬 높은 점수를 받아와 나를 기쁘게 했다. 탁월한 이해력과 암기력은 학업 성취를 보장받지 못했고, 오히려 이해력이나 암기력 같은 재능이 뛰어나지 않은 아이들이 더 높은 점수를 받은 셈이다. 같은 수업을 받은 아이들의 예상을 빗나간 시험 결과를 보면서 무척 혼란스러웠다. 당시 나는 이해력과 암기력과 같은 타고난 재능에 속았던 것이다.

나를 기쁘게 한 아이들 중에는 중학교 2학년 한별이가 있었다. 나는 한별이와의 첫 만남, 수업 시간의 모습, 제출한 과제의 수준, 성실도, 학습 전 준비 태도 등을 떠올렸다. 한별이는 공부를 잘하지는 못했지만, 과외 시간에 한 번도 늦은 적이 없었고 오히려 20분가량 미리 와서 공부할 내용을 보았다. 시키지도 않은 오답 노트를 정리하며 스스로 학습을 계획하고 실천했다. 모르는 개념이 나오면 (사춘기 아이들이라 다른 친구들 보기 부끄러울 수 있을 텐데) 몇 번이고 물어보았다. 스스로 풀기 어려운 문제는 그 문제만 오려내 호주머니에 넣고 다니면서 끝까지 해결하려 했다. 이후 한별이는 울산에 있는 대학에서 공학을 전공했고, 지금은 수십 명의 직원을 거느린 벤처기업 CEO가 되어 있다.

앞서 말했듯이 명문대를 졸업해 안정적인 직업을 갖고 사회적 성취를 이루어야 성공한 삶이 아니다. 한별이처럼 하고 싶은 일을 찾아서 자신의 삶을 주도적이고 행복하게 산다면 그것이야말로 성공한 삶이다.

우리 주변에 있는 성공한 삶을 누리는 이들을 떠올려보자. 그들은 하나같이 뛰어난 머리가 아니라 삶의 태도와 습관이 남다른 사람이었음을 기억하자.

영재라는 굴레와 허상

영재교육원에서는 어떤 아이를 선발할까?

몇 해 전, 5학년 담임을 맡았을 때였다. 늘 그렇듯 소란한 듯 고요하고, 고요한 듯 소란한 날이었다. 다시 고요한가 싶었는데 갑자기 성민이가 의자를 머리 위로 번쩍 들어 올려 지환이를 향해서 던지려고 했다. 깜짝 놀란 친구들이 성민이의 팔을 붙잡았다. 의자를 지탱하던 성민이의 팔이 부들부들 떨렸다. 성민이는 조심스레 의자를 내리고는 다음 수업 시간 내내 엎드려 있었다.

성민이는 과학영재다. 정확하게 말하면 부모의 적극적인 지원 아래 영재교육원 과학 분야에 합격한 아이이다. 성민이는 학기 초부터 영재교육원에 지원하기 위해 각종 과학 탐구대회, 창의력 경진대회, 과학발명대회 등에 참여하며 성과를 내려 노력했다. 이런 대회에 참가하려면 담임 교사의 적극적인 도움이 필요했기에, 성민이 부모님은 수시로 대회 참여에 대해 도움을 요청했다.

성민이는 다른 과목은 크게 두각을 드러내지 못했지만, 과학과 발명 분야에서는 흥미를 보이고 성과도 제법 냈다. 이런 성민이의 성향을 잘 파악한 것인지 부모님은 그때부터 영재교육원을 목표로 적극적이다 못해 전투적으로 준비해나갔다.

한 번은 발명경진대회에 출품할 작품을 성민이가 아닌 부모님이 주도해서 만든 적이 있었다. 그래서인지 성민이는 출품하는 작품의 개요나 만드는 과정을 설명하기 어려워했다. 대회에서는 작품에 대한 발표도 함께 심사하기 때문에 낮은 발표 점수를 받은 성민이는 본선에 오르지 못했다.

다행히 또 다른 실험관찰대회에서의 수상 실적과 수학·과학 수행평가에서 좋은 점수를 받았기에 영재교육원에 합격할 수 있었다(당시는 수상 실적과 높은 성적이 영재교육원 입학 조건처럼 여겨질 때였다). 물론 영재교육원은 지역마다 뽑는 기준이 다르고, 수상 실적이나 성적 이외에도 영재성 검사와 창의적 문제 해결력 검사, KEDI 창의적 인성 검사 결과도 필요하다. 어쩌면 수상 실적과 성적만으로 합격한 건 아니었을 수 있다. 어쨌든 성민이는 영재교육원에 합격했고 과학영재가 된 듯보였다.

과학영재가 되었지만 성민이는 여전히 감정을 다루기 어려워했다. 특히 화나 분노 같은 부정적 감정을 이기지 못했다. 성민이와 1년을 함께 지내면서 문제가 되는 사건이 몇 차례나 더 있었다. 화를 참지 못하고 순식간에 폭발하는 모습을 본 학급 친구들은 성민이를 어려워했다. 언제 돌변할지 알 수 없으니 말이다.

성민이는 참을성의 한계를 벗어나면 걷잡을 수 없는 분노를 폭발시켰다. 무엇보다 자신의 감정을 말로 전달하는 걸 굉장히 어려워했다. 그래서 힘들면 참거나, 참을 수 없으면 물건을 던지는 행동으로 감정을 표현했다.

이후 성민이는 어렵게 합격한 영재교육원을 중도에 포기할 수밖에 없었다. 교육청 영재교육원에서 성민이를 지도했던 교사는 성민이가 영재교육 프로그램을 수행하기 힘들어했다고 전했다. 영재교육원 수업은 다 같이 토의하고 조별 산출물을 내는 프로젝트형 수업이 대부분인데, 이런 수업 방식이 주도적이지 못한 성민이게는 매우 어려웠을 것이다. 게다가 성민이와 함께 수행 과제를 해결해나가야 하는 아이들도 하나둘 불만을 쏟아냈다.

이 과정을 지켜본 성민이 부모님은 성민이가 더 이상 수업을 참여하기 힘들다고 판단하고 하차를 선언했다. 게다가 감정조절이 더욱 힘들어져 학교생활도 순탄치 못했다. 결국 성민이는 6학년 학기 중간에 전학을 갔다.

그로부터 2년이 지난 어느 날, 중학교에 진학한 성민이 부모님에게 전화가 왔다. 다행히 성민이는 학교생활을 무난하게 해나가고 있다고 했다. 더 이상 과도한 학습을 재촉하지도, 각종 대회에 참가하라고도 않는다고 하셨다. 친구들과 사이좋게 지내며 행복하게 학교생활을 하는 모습에 만족해하셨다. 그 시절 성민이에게 필요했던 건 영재교육이 아니라 성민이의 마음과 태도를 돌보는 것이었다며 후회 묻은 말을 덧붙였다.

매년 7월이면 각 시도교육청 및 대학에서 영재교육원 지원 요강을 발표한다. 분야는 수학, 과학, 발명이 주를 이루지만, 정보, 외국어, 음악, 미술, 체육, 융합, 인문 사회도 선발한다. 국가 수준 교육과정에서 말하는 영재는 '평균 이상의 학습 능력, 창의성, 과제집착력'이라는 세 가지 능력을 모두 갖추고 있는 아이이다. 과제집착력은 해결해야 하는 문제를 마주했을 때 끝까지 해결하고자 하는 흥미와 에너지를 말한다. 한마디로 대한민국 영재교육은 신이 내린 재능의 소유자가 아니라 누구에게나 가능성이 열려 있다.

수치로 따지면 상위 30% 아이들이 여기에 해당한다. 최상위 그룹을 상위 1%라고 가정한다면 30%는 예상보다 그리 높은 문은 아니다. 영재교육원은 영재성이 잠재된 많은 학생에게 교육의 기회를 제공하려 하고, 부모들은 자녀의 재능을 일찌감치 발견하고 아이에게 적합한 영재교육을 받게 하려 노력한다. 지역마다 조금씩 차이는 있지만 국가 수준 영재교육원 대상자 선발 기준은 다음과 같다.

첫째, 해당 교과목에 관한 학습 성취 수준이 일정 수준 이상이어야 한다. 학교에서의 교과 성적을 수치로 환산한 결과를 영재교육원에 제출해야 한다.

둘째, 창의성이 높은 학생이어야 한다. 실제로 학생과 학생을 관찰한 교사 모두 체크리스트를 보면서 창의성 정도를 직접 체크하며, 그 수치를 평가 결과에 반영한다.

셋째, 교과에 관한 흥미, 적성, 과제집착력과 같은 내적 동기를 맥락적으로 평가해서 결과에 반영한다.

넷째, 리더십이 평균 이상이라야 한다. 공부만 잘하는 게 아니라 내가 아는 것을 집단 안에서도 잘 표현하고, 원활한 의사소통을 통해 친구들을 이끌 수 있어야 한다. 우리나라 영재교육의 목적은 영재교육 진흥법에 '개인의 자아실현을 도모하고 국가 사회의 발전에 기여하게 함을 목적으로 한다'라고 명시되어 있다. 즉 리더십이 뛰어난 영재는 사회의 기여도 측면에서도 높은 평가를 받을 수 있다.

영재교육원 수업은 개인 학습의 비율보다 그룹 학습 비율이 훨씬 높다. 성민이처럼 공부는 잘하는데 집단 안에서 잘 어울리지 못하거나 자기주장만 펼치며 협동을 거부하는 아이들은 영재교육원 수업을 힘들어한다.

시도교육청이나 대학에서 운영하는 영재교육 프로그램이 단순히 지적 능력과 같은 재능에만 초점을 맞춰 학생을 선발하지 않는다는 것은 자녀 양육에 있어 상당히 의미가 있다. 긍정적으로 타인과 소통하는 힘, 교과 성적뿐만 아니라 자율성에 바탕을 둔 프로젝트의 계획과 실행 능력, 근성에 바탕을 둔 과제집착력, 잦은 실패에 도 포기하지 않는 회복탄력성은 영재나 범재를 떠나 모든 아이들에게 길러줘야 할 능력이다.

완벽해 보이는 아이에게도 일탈은 찾아온다

6학년 예원이는 무엇 하나 못하는 게 없는 완벽한 아이다. 토론대회, 글짓기대회, 과학 탐구대회, 수학 경시대회 등 학교 대표에는 빠짐없이 예원이가 속해 있다. 예원이는 각종 대회에서 우수한 성과를 내는 소위 영재다. 지금까지 학교에서 만난 아이들 중 '타고났다'라는 표현이 가장 적합한 아이였다.

이렇게 완벽한 예원이에게도 큰 변화가 찾아왔다. 사춘기가 시작된 것이다. 6학년 2학기, 예원이는 방황하기 시작했다. 세상의 불만과 슬픔이 모두 자기 것인 양 어두워졌다. 집에서 입을 닫은 건 물론이고 학교에서도 말수가 부쩍 줄었다.

잘해오던 공부도 뒷전으로 밀려났다. 수업 태도도 이전과 확연히 달라져서 적극적으로 질문하고 발표하던 모습은 찾아보기 어려웠다. 게다가 인근 중학생들과 좋지 않은 사건에 휘말리게 되어 학교폭력심의위원회를 수차례 열어야 했다.

초등 아이들을 괴롭히는 건 어려워지는 교과 내용만이 아니다. 사춘기에 이르면 호르몬의 변화가 아이들을 괴롭히기도 한다. 체형과 외모의 변화뿐 아니라 요동치는 마음도 아이들을 혼란스럽게 만든다. 뇌가 폭발적으로 성장하는 과정에서 아이들은 내면의 혼란스러운 감정과 기분을 표출한다.

남학생이 조금 늦게 시작된다고는 하지만 5학년을 전후로 많은 아이가 사춘기라는 성장통을 앓기 시작한다. 조금씩 차이는 나지만 이 시기를 거치는 아이도, 지켜보는 부모도 힘든 게 사춘기다. 교사들 사이에서 5·6학년이 기피 학년인 이유 중의 하나도 사춘기 때문이다.

밝고 긍정적이며 부모와 소통도 잘 되던 아이가 검은색 옷만 찾아 입고 머리를 귀신같이 풀어 헤친 채 방문을 잠가버린다. 어렸을 때는 전혀 찾아볼 수 없었던 반항기를 장착하고 사사건건 부딪힌다. 사건·사고의 스케일도 점점 커진다.

완벽함이라는 단어에 가장 어울렸던 예원이조차 공부는커녕 학교 폭력 문제를 일으킬 정도니 누구도 안심할 수 없다. 지켜보는 부모는 속에서 천불이 날 테지만 아이 역시 주체할 수 없는 감정의 소용돌이 속에 휩쓸려 다니느라 더 힘든 시기다. 남들보다 좋은 지능을 타고났다 하더라도 사춘기로 방황하다 주저앉는 아이들이 허다하다. 우리의 사춘기 시절을 떠올려보면 어렴풋이 이해가 될 것이다.

◇◇◇◇◇◇◇◇◇◇◇ 아이는 아직 모양이 빚어지고 있는 그릇이다

4·5학년 학부모는 미리부터 사춘기를 걱정하고 두려워한다. 도무지 이해하기 힘든 아이의 행동을 하소연하면 옆집 언니는 '아이를 손님으로 여기라'며 충고할 정도다. 우리 아이만큼은 짧고 순탄하게 넘어가길 바라지만 이 또한 아이들이 거치며 치러야 할 과업 중 하나다.

발달 과정 중 사춘기만큼 다이내믹한 가변성이 보이는 시기도 없다. 신체적·감정적으로 변화와 곡절이 잦은 시기다. 자신을 객관적으로 바라보는 시선을 가지는 변곡의 시기 역시 사춘기다. 이 시기에 자아와 정체성이 확립된다. 격동의 사춘기지만 이 시기에 사고와 행동 수준이 높아져 한층 성숙한 어른의 모습으로 성장한다.

뇌에서 전두엽은 상황을 판단하고 감정이나 충동을 조절하는데, 사춘기에 접어들면 전두엽의 기능이 일시적으로 저하된다. 이때 아이는 감정을 다스리지 못하고 있는 그대로 표출한다. 그 모습을 지켜보는 부모 입장에서는 아이의 공격성이 당황스러울 테지만 이 또한 자연스러운 현상이다.

지금 우리 곁에서 재잘거리는 아이는 열심히 모양을 갖춰 나가고 있는 그릇이다. 잘 만들어진 그릇은 어떤 음식이라도 담을 수 있지만, 그릇을 빚고 있는 과정 중에는 결코 음식을 담을 수 없다. 이 시기 아이들이 불완전한 건 너무도 당연하다. 그러니 이미 완성되어 모양이 다 갖춰진 그릇과 비교해서는 안 된다. 그릇을 만드는 재료는 이미 주어진 유전적 요소다. 지금은 주어진 재료로 그릇이 제구실을 할 수 있도록, 만들다가 깨지지 않도록 정성껏 빚을 수 있게 노력을 기울이자.

우리가 아이들에게 물려줘야 하는 것들

공부 잘하는 아이들은 태도와 습관이 다르다

"똑똑"

문 앞에서 망설이고 있는 그림자를 의식하며 내가 먼저 교실 앞문을 열었다.

"누구…시죠?"

"저…. 하유정 선생님 맞으시죠?"

조심스럽게 눈을 맞추는 어른. 아니 어른이라기엔 아직은 앳된 청년. 자그마한 아이 얼굴 하나가 머릿속을 스친다.

"혹…시?"

"선생님, 저 황산초등학교 5학년 6반 성록이에요. 기억…나세요?"

교실 문 앞 그림자의 주인공은 9년 전에 함께한 제자 성록이었다. 어느덧 청년이 된 제자 앞에서 반가운 기색은 숨기기 어려웠다. 이럴 땐 점잖고 권위 있는 교사 체면보다 감정이 우선이다.
성록이는 훌쩍 커버린 몸집을 작은 책걸상에 꾸깃꾸깃 집어넣었다. 그런 성록이와 지난 9년간의 세월을 함께 나누었다. 어느덧 명문대생이 된 밝은 미소의 성록이 덕분에 유난히 더 따듯한 오후였다.

9년 전, 시끌벅적한 5학년 교실. 짧은 스포츠머리(까까머리가 더 연상되는)를 한 성록이는 연필을 부지런히 움직이고 있다. 방금 배운 사회 수업의 내용을 필기하고 있다.
"성록아, 그거 꼭 적어야 해?"
성록이의 행동이 의아한 짝이 묻는다.
"지금 적어두면 배운 것을 더 많이 기억할 수 있어. 집에 가서 떠올리려면 막막하잖아."
웃으며 대답하는 성록이와 여전히 바삐 움직이는 연필에 내 시선이 꽂힌다. 성록이는 공부를 잘하는 아이였지만, 그렇다고 뛰어나게 잘하는 건 아니었다. 하지만 누구보다 밝고 성실했으며 주어진 과제를 중도에 포기하거나 대충하는 법이 없었다.
지필고사를 앞두고는 스스로 평가 문제를 만들어 친구들과 공유하기도 했다(9년 전에는 초등학생도 1년에 네 차례 이상 일제고사를 봤다). 그렇게 본 지필고사 성적은 우리 반 아이 30명 중 10등 수준이었다. 그런데 누가 뭐래도 1등인 분야가 있었다. 그건 바로 수업 태도였다.
수업 시간 전에 미리 수업 준비를 해두는 것은 물론이고 수업 중에는 언제나 나에게 시선을 고정시켰다. 수업 시간에 내가 하는 말을 포스트잇에 받아 적느라 바빴고, 그렇게 필기한 내용을 집으로 가져가 시키지도 않은 배움 노트를 완성하는 아이였다.
교실에서 자기 목소리를 크게 내지는 않았지만, 하고 싶은 말이 있을 땐 옆으로 다가와 할 말을 했다. 조용한 편이라 요란하게 놀진 않아도 성향이 잘 맞는 친구들과 꽤 잘 지냈다. 성록이 부모님은 아이가 너무 내성적이라 걱정하셨지만 성록이는 아무 문제없이 잘 지내고 있었다.

"선생님, 제가 요즘 대학에서 배우는 책이에요."
성록이는 가방을 슬며시 열며 두꺼운 대학 원서들을 꺼내어 내밀었다. 나는 성록이에게 받은 경제학 원서의 책장을 열었다. 빼곡한 필기의 흔적과 그래프들, 중간중간에 붙어 있는 포스트잇. 성록이는 여전히 노력하는 모습을 보여주었고, 나는 또 한 번 성록이의 태도를 칭찬했다. 그렇게 인생 어디쯤에 있을 실패에도 다시 일어설 수 있는 심리적 자원을 저장해둔 듯보였다. 오늘도 최선을 다했다고 외치는 무거운 원서가 성록이의 미래 모습을 예견해주었다.

명문대 진학이 아이의 성공 지표라고 단언할 수 없다. 하지만 아이의 지필고사 점수가 80점을 밑돌더라도 80점짜리 인재로 머물지 않을 것이라는 확신을 했듯, 성록이는 졸업 후에도 누구나 탐내는 인재로 성장할 것이다.

◇◇◇◇◇◇◇◇◇◇◇◇ 학업 성취를 예측하는 건 비인지능력이다

노벨 경제학상을 수상한 시카고대 경제학과 교수인 제임스 헤크먼은 1990년대 말 미국 종합 교육 발전 프로그램으로 알려진 GED General Education Development를 연구했다. GED는 당시 고등학교를 졸업하지 못했거나 다니지 못한 학생들에게 고등학교 졸업장과 동등한 학위를 받을 수 있는 방법으로 널리 소개되었다. GED를 통해 고등학교 과정을 마친 학생 수는 해를 거듭할수록 늘어났다.

이후 헤크먼은 일반 고등학교를 졸업한 아이들과 GED를 통해 고등학교 과정을 마친 아이들을 추적하며 비교·연구했다. 연구 결과는 다소 충격적이었다. 일반 고등학교를 졸업하고 대학을 졸업한 아이가 전체 학생의 46%인데 반해, GED로 고등학교 교육과정을 마치고 대학을 졸업한 아이는 전체 학생의 3%뿐이었다. 두 집단의 IQ 수준은 큰 차이가 없었다. 당시에는 성공 요소의 가장 큰 요인으로 인지능력과 같은 선천적 재능을 믿는 사람이 많았다. 하지만 이 연구 결과는 높은 인지능력이 성공에 크게 작용하지 않다는 사실을 밝혀냈다.

더불어 헤크먼은 대학을 졸업한 3%와 대학을 졸업하지 못한 나머지 97%가 무엇이 달랐는지 밝혀냈다. 3% 아이들은 친구들과 협동하기를 즐기고 과제를 끝까지 해내려는 근성 있는 학생이었다. 대학 졸업과 학위 취득이 성공의 잣대는 아니지만 분명한 건 대학 졸업과 학위 취득 같은 과업을 달성하는 데 필요한 조건이 지능 같은 인지능력이 아니라 비인지능력non-cognitive ability이라는 점이다.

읽고 외우며 문제를 풀 수 있는 인지능력이 지속해서 발휘되려면 비인지능력이 바탕이 되어야 한다. 중도에 포기하지 않고 끝까지 학업을 마칠 수 있었던 3% 아이들에게는 이러한 비인지능력들로 메워진 삶의 면역력이 충분했던 것이다.

이쯤 되면 우리가 할 일이 드러난다. 바로 아이에게 꼭 필요한 비인지능력이 무엇인지 찾고, 그 능력을 어떻게 키울 수 있는지 알아내는 것이다. 다시 말하지만 비인지능력은 스스로 통제 가능한 요인이다. 성록이와 같은 아이들은 스스로 통제할 수 있는 영역인 비인지능력을 더욱 집요하게 다져간 아이들이다.

기대되는 아이들은 네 가지 공통점이 있다

나는 지난 20년간 많은 아이들을 만나왔다. 그중에는 미래가 기대되던 아이도 있었고, 미래가 걱정되던 아이도 있었다. 나는 그중 미래가 기대되던 아이들에게서 네 가지 공통점을 발견했다.

첫째, 똑같이 절망적 상황이 주어지더라도 남다른 긍정성positiveness을 보여준다. 긍정성은 미소를 띠며 담담하게 상황을 받아들이는 능력으로 삶의 에너지로 쓰인다.

둘째, 스스로 계획하고 실천하는 자율성autonomy을 보인다. 자율성은 미래 변화를 빠르게 대응할 수 있는 최적의 능력이다.

셋째, 주어진 과업에 포기하지 않는 근성grit을 갖고 있다. 근성은 성실한 태도로 끝까지 해내는 능력이기에 큰 성과를 끌어낸다.

넷째, 다시 일어설 수 있는 회복탄력성resilience을 갖고 있다. 회복탄력성은 실패를 겪더라도 좌절하지 않고 다시 일어서서 더 크게 성장하는 힘이다.

바로 이 네 가지가 내가 주목한 비인지능력이다. 혹자는 미래가 기대되는 아이들에게 보이는 네 가지 특징에 '지능'도 한몫하지 않느냐고 물을 수 있다. 물론 지능도 중요하다. 하지만 잘 갖춰진 '태도와 습관'이 받쳐주지 못한다면 높은 지능은 제 역할을 할 수 없다. 게다가 인지능력으로 활용할 수 있는 뇌의 공간은 몇 퍼센트에 불과하다.

인지능력이라는 선천적 재능만 믿고 의존하면 잠재력을 제대로 끌어내지 못한다. 잠재력을 끌어내는 말이 백 마리라면 지능은 한 마리고, 비인지능력이 아흔아홉 마리다. 당신은 아이의 잠재력을 백 마리의 말 중 몇 마리 말로 끌어내고 싶은가?

부모는 바른 태도와 습관을 물려줘야 한다

부모가 재능에 대한 어떤 신념을 가지고 있는가는 매우 중요하다. 부모가 자녀의 능력을 중시하는지, 노력을 중시하는지는 아이들에게 많은 영향을 끼친다. 선천적인 인지능력보다 후천적인 비인지능력에 따라 삶은 유동적으로 변한다는 신념을 자녀에게 전하는 것이 아이들의 성장에 긍정적 영향을 미친다.

가끔 특별한 재능을 물려주지 못해 미안하다는 부모를 만난다. 그때마다 부모는 영재성을 논할 만한 재능보다 더 가치 있는 것을 물려줄 수 있는 사람이라고 말한다. 바로 후천적으로 형성되는 비인지능력, 그중 긍정성, 자율성, 근성, 회복탄력성 말이다.

나는 떡잎이 튼튼한 아이들을 자주 본다. 떡잎이 튼튼한 아이들은 부모님께 물려받은 선천적 재능이 아니라 자라면서 길러지는 삶의 태도와 습관으로 만들어진다. 긍정성, 자율성, 근성, 회복탄력성은 고갈되지 않는 삶의 양분이다. 이 삶의 양분은 쓸수록 오히려 더 풍부해지고 단단해진다. 사회에 공헌하는 여러 인물들도 그들이 가진 긍정성, 자율성, 근성, 회복탄력성을 토대로 사회적 성공에 이르렀다는 사실을 기억하자.

많은 부모가 자녀의 높은 학업 성취를 목표로 둔다. 그래서인지 인지능력에는 관심을 많이 쏟지만 비인지능력에는 관심을 덜 기울인다. 이 점이 매우 안타깝다. 초등학교 시기는 어른이 되었을 때

겪게 될 무수한 좌절과 회복의 사이클을 미리 학습하는 시기다. 언제나 이기는 상황에만 도전하면 그만큼 많은 기회를 잃는다. 다양한 실패를 경험하더라도 부정적인 감정을 걷어내고 다음을 준비하는 성숙한 어른으로 성장해야 한다. 사춘기라는 성장통을 겪어야 할 시기에도 자신의 감정을 잘 조절하고 여러 자극에 덜 흔들릴 수 있도록 내면의 힘을 키워야 한다.

선천적 재능을 신화화하면 더 큰 노력을 해야 한다는 압박으로부터 면제권을 얻을 수 있다. 낮은 성취에 대한 적당한 핑곗거리로 삼을 수도 있다. 선천적 재능과 성취를 동일시하면 더 이상 하고자 하는 동기를 높일 수도 없다. 이것이 우리가 높은 지능과 같은 선천적 재능이 아닌 후천적으로 키울 수 있는 비인지능력에 시선을 돌려야 하는 이유다.

바른 공부 습관을
들이는 힘 1

긍정성

'나는 잘할 수 있다!'고 믿는 순간
공부가 수월해진다

당신의 태도는
세상을 색칠하는 크레파스 상자와 같다.
계속 회색으로 그림을 그리면
당신의 그림은 항상 암울할 것이다.
유머를 섞어 밝은 색을 더할수록
당신의 그림은 더 밝아질 것이다.

- 앨런 클라인

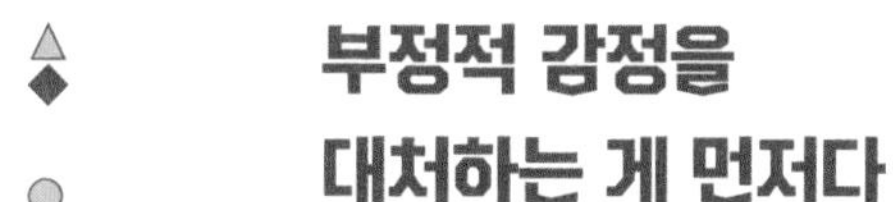

부정적 감정을 대처하는 게 먼저다

아무도 나를 좋아하지 않아요

2학년 소윤이는 쉬는 시간 종이 울리자마자 책상 위에 두 팔을 포개어 얹고는 이내 엎드린다. 그러고는 다음 수업 종이 울릴 때까지 꿈쩍하지 않는다.

3월 새 학기가 시작한 지 벌써 일주일째다. 소윤이는 쉬는 시간을 피하고 있다. 특별히 친한 친구도 없어 보이고 작년에 같은 반이었던 친구조차 소윤이가 아닌 다른 친구들과 어울려 놀고 있다. 화장실을 가는 것 외에는 책상에 가만히 앉아 있거나 엎드려 있는다.

나는 밝게 웃고 떠드는 아이들 사이에서 유독 기죽어 있는 소윤이가 마음에 걸렸다. 학기 초 부적응 문제인지, 교우 관계에 문제가 있는지, 그도 아니면 집에 말 못 할 사정이 있는지 걱정되었다.

"같이해도 돼?"

"두 명씩 짝지어 하는 놀인데, 짝이 안 맞으니까 다음에 같이하자."

수줍게 말을 건넨 소윤이에게 친구들은 짝이 안 맞는다며 거절한다. 소윤이는 거절을 놀이의 거절이 아닌 관계의 거절로 받아들인다.

"아무도 나를 좋아하지 않아요."

소윤이가 나에게 한 말이다. 친구들과 친하게 지내고 싶지만 어렵다고 했다. 친구들이 자기를 싫어하니 뭘 해도 어차피 거절당할 것이라 했다. 자신이 예쁘지도 않고 성격도 좋지 않아서 친구들이 싫어한다고 말할 땐 가슴이 쓰라렸다.

부정적 생각을 이끄는 세 가지 사고방식

사람마다 같은 사건을 겪어도 해석하고 받아들이는 필터의 크기와 질이 다르다. 나쁜 일이 생기면 어쩌다가 생긴 일이라 여기거나 '그럴 수도 있지' 하며 넘기는 사람이 있는가 하면, 그 일이 나 때문에 생겼으며 나쁜 상황이 계속 유지될 거라고 믿는 사람도 있다.

부정적 생각에는 3P로 알려진 영구화permanence, 만성화pervasiveness, 내부화personalization라는 특징이 있다. 영구화는 일어난 사건이 일시적이거나 가끔 발생하는 게 아니라 무한히 일어난다고 받아들이는 사고방식이다. 만성화는 사건을 자기 삶의 일부가 아닌 전체로 넓혀서 받아들이는 사고방식이다. 그래서 일부 영역에서 벌어진 부정적 상황을 전체 문제로 확대·해석하는 경향을 보인다. 내부화는 역경을 겪었을 때 사건의 원인이 내부에 있다고 여겨 무조건 내 잘못이라고 여기는 사고방식이다. 내부화는 '자존감'과 맞닿아 있기 때문에 자신은 물론 다른 사람과의 관계를 해치곤 한다.

부정적 사고는 비관적 설명방식으로 드러나기도 한다. 비관적 설명방식과 낙관적 설명방식을 비교해보면 아래와 같다.

비관적 설명방식	낙관적 설명방식
영구화	일시화
만성화	특정화
내부화	외부화

상황을 부정적으로 바라보는 아이들은 지금 일어난 문제가 모두 자신 때문이며 상황은 변하지 않을 거라고 여긴다. 또한 내 자신과 상황이 결코 바뀌지 않는다고 생각하기에 해결하기 위한 어떤 시도도 하지 않는다.

부정적인 아이들은 다음과 같이 상황을 비관적으로 이해한다.

- 새 학년이 되어봤자 친구들은 나를 싫어할 게 분명해. **(영구화)**
- 못생긴 외모와 나쁜 성격이 어딜 가겠어? **(만성화)**
- 친구들과 어울려 놀지 못하는 건 내 나쁜 성격과 못생긴 외모 탓이야. **(내부화)**

반면 상황을 긍정적으로 바라보는 아이들은 아래와 같이 지금 일어난 문제가 자기 때문이 아니라 놀이 특성 때문이라고 이해하고, 문제를 해결하고자 시도한다.

- 짝이 있어야 하니 내가 중간에 낄 순 없겠네. **(일시화)**
- 함께할 짝을 찾아오거나 짝이 필요 없는 다른 게임을 해야지. **(특정화)**
- 이 놀이는 편을 나눠서 하는 놀이라 짝이 있어야 참여할 수 있어. **(외부화)**

감정의 씨앗은 부모가 뿌린다

학부모 상담주간은 몇 주 뒤였지만 이대로 지켜볼 수만은 없어 소윤이 엄마를 만나보기로 했다. 소윤이 엄마는 돌도 채 지나지 않은 둘째 아이를 돌보느라 많이 지쳐 보였다. 그래도 소윤이에게 조금이나마 도움을 줘야 한다는 생각에 말문을 열었다.

"어머님, 소윤이가 친구들과 잘 지내면서 학교생활을 즐겁게 할 수 있도록 도와야 할 것 같아요."

소윤이 어머님은 잠시 한숨을 내쉬며 말했다.

"소윤이가 저를 닮아 못생긴데다 성격까지 소심해서 친구들이 좋아하지 않는 것 같아요. 친구들이 자기를 싫어한다고 몇 번 말하던데, 그건 소윤이가 조금 예민한 탓도 있을 거예요. 사실 저도 소윤이 키우는 거 너무 힘들거든요. 차라리 말 못 하는 동생이 훨씬 나을 정도예요."

소윤이 엄마의 대답은 매우 부정적이었다. 소윤이가 학교생활을 힘들어하는 원인을 외모나 성격과 같은 소윤이의 내부 문제로 바라보고 있었다. 하물며 말 못 하는 동생과도 비교를 했다. 소윤이의 부정적 정서는 비단 소윤이의 내부 문제만은 아니라는 게 확실했다.

소윤이 엄마가 심하다고 느껴졌는가? 물론 소윤이 엄마만큼은 아니겠지만 우리도 의도치 않게 아이들에게 부정적인 정서를 전달하곤 한다. 상처 주는 말을 직접 하지 않았어도, 생각하기도 전에 먼저 나와버린 한숨 소리, 무시하는 듯한 눈빛, 화가 그대로 전달되는 거친 발소리 등은 말보다 더 강력한 부정적인 메시지다.

아이들은 외부 환경 요인에 민감하게 반응하는데, 부모는 가장 큰 환경 요인이다. 따라서 여리고 예민한 아이에게는 표정이나 눈빛, 말 한마디도 조심해야 한다. 아이를 그렇게 유리 그릇 다루듯 키우면 안 된다고 말하는 사람도 있다. 틀린 말은 아니다. 하지만 아이 성향에 따라 양육 스타일을 달리 해야 한다. 조심스레 양육해야 하는 기질의 아이가 있고, 조금은 담담하게 반응하고 지켜봐야 하는 아이도 있다. 소윤이처럼 예민하고 여린 아이를 강하게 키운다는 이유로 밀어붙여서는 곤란하다.

내면의 긍정성이 충분히 자리 잡을 때까지는 사랑과 믿음이 듬뿍 담긴 부모의 말 한마디가 절실하다. 아이의 긍정성이 어느 정도 확보되었을 때 비로소 한걸음 물러나 지켜보자. 예민한 아이라면 자신을 보호할 수 있는 튼튼한 방어복쯤은 입혀줘야 하지 않을까? 기질은 타고나지만 긍정성은 후천적으로 학습되는 비인지능력이다.

먼저 부모의 감정부터 점검하라

부정적인 아이의 감정을 살펴보기 전에 점검해야 할 것이 있다. 바로 부모의 감정이다. 왜냐하면 감정의 필터가 덜 발달된 아이에게 부모의 감정이 고스란히 전달되기 때문이다. 다음 질문을 읽고 '매우 그렇다(5)/그렇다(4)/보통이다(3)/아니다(2)/매우 아니다(1)'로 대답을 표시해보자.

1 나는 아이가 자신 없는 모습을 보이면 다그치는 편이다. (　　)

2 나는 아이에게 나쁜 성격을 물려줬다고 생각한다. ( )

3 나는 밤늦게까지 아이 문제를 걱정하는 일이 잦다. ( )

4 나는 아이를 자주 혼낸다. ( )

5 나는 아이 앞에서 한숨을 쉬거나 어두운 표정을 자주 짓는다. ( )

6 내 아이의 비관적인 성격은 타고난 것 같다. ( )

7 내 아이의 성격은 바뀌지 않을 것 같다. ( )

8 아이의 부정적인 감정을 마주하면 나는 더 부정적으로 변한다. ( )

9 나는 아이가 하는 말을 집중해서 듣기 힘들다. ( )

10 나는 아이 때문에 자주 화가 나고 슬퍼진다. ( )

몇 점 이하면 좋고, 몇 점 이상이면 나쁜지 확인하는 질문지가 아니다. 평소에 아이의 말을 얼마나 귀담아듣고 적절하게 반응하는지, 또 아이로 인해 얼마나 부정적인 감정이 생기며, 그 감정을 어떻게 표현하는지 확인하는 질문지다.

'1 나는 아이가 자신 없는 모습을 보이면 다그치는 편이다.'와 '4 나는 아이를 자주 혼낸다.'에 '매우 그렇다'라고 대답했다면, 아이는 '나는 부족한 아이'라는 자기 개념을 새길 수 있다. 부모는 안타까운 마음에 더 잘하라고 다그치기도 하고 혼을 냈을 뿐인데, 아이는 잘못된 자기비하로 자신감을 잃고 더욱 위축되는 모습을 보인다. 그 모습을 본 부모는 다시 한 번 아이 눈앞에서 한숨을 몰아쉰다. 아이와 부모의 감정이 함께 바닥을 치는 순간이다.

'③ 나는 밤늦게까지 아이 문제를 걱정하는 일이 잦다.', '⑤ 나는 아이 앞에서 한숨을 쉬거나 어두운 표정을 자주 짓는다.', '⑧ 아이의 부정적인 감정을 마주하면 나는 더 부정적으로 변한다.'에 '매우 그렇다'고 대답했다면, 아이를 향해 노골적인 비난을 하거나 혼을 낸 게 아니므로 별 영향을 주지 않았다고 생각할 수 있다. 하지만 어느 때는 말이나 글과 같은 언어적 메시지보다 표정이나 몸짓 같은 비언어적 메시지가 더 큰 영향을 주기도 한다. 아이가 보인 부정적인 감정 앞에서 공감을 넘어선 과몰입으로 부모 자신이 더 큰 부정적 감정에 휩싸이면 아이는 그런 부모의 모습을 보고 더욱 불안해한다.

'⑥ 내 아이의 비관적인 성격은 타고난 것 같다.'와 '⑦ 내 아이의 성격은 바뀌지 않을 것 같다.'에 '매우 그렇다'고 대답했다면, '이래봐야 무슨 소용이 있겠어?'라는 자조 섞인 말을 아이에게 자주 했을 수 있다. 성격은 타고난 거니 어쩔 수 없다고 생각하면 오산이다. 비관적으로 태어난 사람은 없다. 성격은 환경에 따라 만들어지고 바뀌거나 굳어진다.

부정적 감정에 대처하는 올바른 자세

부모의 양육 '감정'을 점검했다면 이제 '행동'을 점검해보자. 혹시 부정적인 감정이 이끄는 대로 아이에게 표현하지는 않았는가? 이 행동은 굉장히 위험하다. 간접적으로 표현했다 해도 위험하기는 마찬가지다. 아이는 매사에 위축되고 불안해하며 부정적으로 사고할 확률이 높다. 아이는 결코 부모의 감정 쓰레기통이 아니다.

걱정, 불안, 슬픔, 화를 무조건 억눌러야 한다는 말은 아니다. 사람은 누구나 희喜로怒애哀락樂을 느끼며 산다. 기대·기쁨·행복·즐거움 같은 긍정적 감정이 옳은 감정이고, 걱정·불안·슬픔·화 같은 부정적 감정이 틀린 감정이라 할 수는 없다. 감정에는 옳고 그름이 없다. 다만 슬프고 분한 부정적 감정에서 오래 머물지 않는 것이 중요하다. 시간이 길어질수록 에너지가 고갈되기 때문이다.

부모도 불완전한 인간이라 밀려오는 감정을 추스르기 힘들 때가 많다. 또 억누르려 하면 할수록 더욱 괴로워질 때도 있다. 간혹 있는 그대로 표현하고 나선 미숙한 부모라며 자책할 때도 있다. 부정적인 감정은 어떻게 처리하고 표현할 수 있을까? 부정적인 감정에서 스스로 벗어나는 자기만의 방법을 찾아보는 연습을 해보자.

"너 때문에 화가 나. 너는 정말 나쁜 아이야."

큰딸이 작은딸에게 화내는 소리가 들렸다. 옷 하나를 두고 벌어진 자매 전쟁이다. 어른인 우리도 감정이 이성을 앞서면 화부터 내고 보는데 초등학생 아이 둘이 오죽할까? 감정 표현, 특히 부정적인 감정 표현에는 더욱 서툴 수밖에 없다. 후회할 말과 행동을 하지 않으란 법이 없다. 평소 아이에게 부정적인 감정이 마음에서 일 때, 그 순간을 잘 넘기는 법을 알려주면 이런 상황에서 적용할 수 있다. 예를 들어 부정적인 감정으로 인해 말과 행동이 앞서나가려 한다면, '나쁜 감정의 원인을 사람에 두지 말고 행동에 두라'고 알려줘야 한다.

나쁜 감정의 원인을 사람에 두지 말자

화가 난 이유가 '너'라고 가정해보자. '너'라는 사람을 제거할 수 없기에 감정의 골만 깊어진다. 아래 예처럼 행동 하나를 보고 사람 전체를 판단하면 말싸움으로 이어지기 쉽다. 허락받지 않고 언니 옷을 입은 데다 소매에 케첩까지 묻혀 미안한 마음이 들었다가도 '나쁜 아이'로 매도당하면 사과할 마음은 사라지고 억울한 감정이 올라오기 때문이다.

"너 때문에	화가 나.	너는 정말 나쁜 아이야."
(감정 원인: 사람)	(감정 전달)	(판단)

반면 화가 난 이유가 '행동'이면, '행동'만 제거하면 화가 풀리므로 꼬인 대화가 수월하게 풀린다. 아래 예처럼 화가 난 원인을 허락

받지 않고 옷을 입고 나가더니 소매에 케첩까지 묻힌 '행동'에 두면 앞으로 그 행동을 제한할 수 있다. 상대방은 미안했던 마음을 전하기 쉽고 앞으로 어떻게 행동해야 할지 알 수 있어 사과하기도 수월하다. 감정의 원인만 바꿔도 대화가 이렇게 달라진다.

"네가 내게 묻지도 않고 내 옷 입고, 소매에 케첩까지 묻혀서
(감정 원인: 행동)

화가 나. **(감정 전달)** **앞으로 내 옷 입고 싶을 때는 꼭 허락받아줘."** **(대처 방안)**

부모로 살다 보면 희로애락을 지나치게 많이 경험한다. 아이의 작은 성취에 한없이 기쁘다가도 힘들어하는 모습을 보면 기분이 나락으로 떨어지곤 한다. 이러한 감정을 어떻게 표현하느냐에 따라 아이와의 관계가 돈독해지기도 하고 멀어지기도 한다. 긍정적인 감정은 충분히 표현하고 부정적인 감정은 지혜롭게 처리해야 한다. 얼마나 잘 처리하느냐에 따라 아이는 긍정적으로 변하기도 하고, 부정적으로 변하기도 한다.

아이가 실수로 컵을 엎어 음료수를 엎질렀을 때 부모가 다음과 같이 반응할 수 있다. 아이가 어떤 말을 들었을 때 행동을 교정하고 싶어할지 생각해보자.

A 내가 너 때문에 힘들어 죽겠어. 그렇게 조심성이 부족해서 어떡하니?
(감정 원인: 사람) (감정 전달) (판단)

B 음료수 쏟은 거 닦으려니 힘드네. 다음부터는 컵 같은 게 주변에 있으면
(감정 원인: 행동) (감정 전달) (대처 방안)

조금 더 조심하자.

할 수 있다며
해버릇해야 성장한다

내 아이를 믿으면 달라지는 것들

아이의 부정적인 감정을 편하게 마주할 수 있는 부모는 별로 없다. 아이가 울거나 짜증을 내면 거울에 비친 내 모습을 마주한 듯 화가 나기도 한다. 아이의 부정적인 감정은 곧바로 부모의 감정으로 전이되곤 한다. 바로 '불안'이라는 이름의 감정으로 말이다.

불안한 부모는 자기도 모르게 얼굴에 그늘을 드리운다. 아이는 부모의 불안을 이내 알아차리고, 부모를 불안하게 만든 사람이 자신임을 눈치챈다. 아이는 부모를 불안하게 만들었다는 생각에 마음이 불편하다. 조용한 성격도, 친한 친구가 없는 것도, 쉬는 시간에 혼자 논 것도 모두 잘못이라고 여기며 자책한다.

"저를 전적으로 믿으셔야 합니다."

아이 문제만큼은 각종 조언을 귓가에 쏟아내는 〈스카이 캐슬〉 김주영 선생이 아니라 내 아이를 믿어야 한다.

"내 아이를 전적으로 믿으셔야 합니다. 불안할수록 더더욱 말이죠."

부모는 아이가 잘할 거라고, 잘하고 있다고 믿어야 한다. 이런 조건 없는 믿음은 긍정적인 반응으로 이어진다. 아이를 믿으면 "네가 잘하겠니?"라는 불신 어린 말이 "잘할 수 있을 거야!"라는 긍정적인 말로 자연스럽게 바뀐다. 부모에게 긍정적인 말을 자주 들은 아이일수록 부모와 사이가 돈독하고 자기 긍정감도 높다.

◇◇◇◇◇◇◇◇◇◇◇ 내성적이고 신중한 아이

3학년 학부모 공개수업에 참석한 태은이 엄마의 시선은 오로지 태은이에게만 쏠려 있다. 공개수업 중에 적어도 한 번은 발표하기로 약속했건만 수업이 끝날 때까지 손 한 번 들지 않는 딸이 여간 실망스러운 게 아니다. 태은이는 평소에도 내성적이라 발표를 즐겨하는 아이가 아니지만, 막상 서로 발표하겠다고 안달인 아이들을 보고 있자니 답답한 마음을 감출 수가 없다.

◎ 부모의 부정적인 자동적 사고

발표를 주저하는 아이를 보며 아래와 같은 감정이 앞설 수 있다.

'누굴 닮아서 저럴까?'

'자신감이 없어도 너무 없는 거 아니야?'

'어렸을 때부터 저러더니, 도무지 바뀌질 않네.'

'내가 잘못 키웠나?'

'저렇게 중학생이 되면 어떡하지?'

'우리 애가 제일 못하더라.'

이런 부정적인 자동적 사고는 아이의 긍정성에 영향을 미친다. 누군가는 저런 생각이 떠올라도 아이에게는 절대 티 내지 않는다고 말한다. 하지만 부정적인 자동적 사고가 축 처진 어깨와 그늘진 얼굴을 동반하는 건 부정하기 힘들 것이다. 특히 부모와 자식 간에는 감정의 전달 통로가 보통의 관계보다 더욱 굵고 선명하게 연결돼 있어 더욱 빠르고 정확하게 전달된다.

"우리 엄마는요, 말은 괜찮다고 하면서 얼굴은 화나 있어요." 교실에서 아이들이 내게 자주 하는 말이다. '말하지 않아도 알아요' 같은 사이가 가족이다. 아이들은 괜찮다는 표면적인 말보다 먼저 부모의 표정을 읽고 감정을 판단한다. 우리도 그렇지 않은가? 걱정 가득해 보이는 아이에게 "무슨 일 있어?"라고 물었는데 아이가 "아무 일 없어."라고 대답해도 진정 아무 일 없다고 받아들이기 어렵듯 말이다.

◎ 사고의 전환

감정이 끓어오를 수 있지만 일단 감정을 가라앉히고 해야 할 일이 있다. 바로 아이의 마음을 헤아려보는 일이다.

'우리 아이가 발표하기 힘들어하네?'

'긴장을 많이 한 걸까?'

'수업 내용이 어려운 걸까?'

'나중에 물어봐야겠다.'

◎ 대화하기

상황을 객관적으로 바라보면 문제의 원인과 해결에 다가가기가 수월해진다. 먼저 발표를 꼭 잘해야 하는지부터 살펴보자. 그렇게까지 강요할 필요가 있었는지 말이다. 발표는 자신의 의견을 피력하는 수많은 방법 중 하나일 뿐이다. 남들 앞에서 말하는 건 긴장해도 글이나 그림으로 표현하는 건 누구보다 잘하는 아이일 수 있다. 어쩌면 평소에는 발표를 곧잘 했을 수도 있다. 낯선 관중이 가득찬 학부모 공개수업이라 힘들었을 수도 있다. 어쨌든 아이와 편하게 대화를 할 수 있어야 원인과 해결책을 찾을 수 있다.

엄마 **"태은아, 오늘 공개수업 어땠니? 발표하려니 긴장이 됐니? 어떤 부분이 힘들었는지 말해줄래?"**

태은 **"틀린 답을 말하면 선생님께 혼나고 친구들에게 놀림당할지도 모르잖아. 그래서 발표 못 하겠어."**

태은이와 달리 평소에 적극적이던 아이가 소극적으로 변할 수도 있다. 그럴 때는 왜 갑자기 긴장도가 높아졌는지 원인을 찾아야 한다. 학습 내용이 어려워져서 따라가기 힘들거나 학급 부적응 문제일 수도 있다. 학습 결손으로 생긴 문제라면 부족한 부분을 보충해주면 된다. 학급 부적응 문제라면 담임 선생님에게 도움을 요청하는 것도 좋다. 자녀를 보는 부모의 시선보다 학생을 보는 담임 선생님의 시선이 더 객관적일 수 있기 때문이다. 상담을 통해 교사의 시각으로 본 아이에 관한 이야기를 들어보자.

◎ 이중 메시지를 조심하자

이중 메시지는 말과 행동을 다르게 전달하여 상대방에게 혼선을 주는 걸 말한다. 일상에서 흔하게 일어나는 소통 방식이다. 예를 들어 아이가 게임을 해도 되냐고 부모에게 허락을 구하는 상황을 떠올려보자.

엄마의 "마음대로 해."라는 대답에 아이는 게임기를 집어 든다. 게임을 하던 아이는 이내 분위기가 묘하게 흐르는 걸 알아채고 슬며시 엄마의 기분을 살핀다. 엄마의 표정은 차갑게 변해 있고, 발걸음 소리는 어딘가 날카롭고 신경질적이다. 순간 '아, 게임을 하면 안 되는 거였구나!'라고 직감한다.

안 될 때는 "안 돼."라고 정확하게 말해야 한다. 아이가 계속 조르거나 반발해서 분위기가 냉랭해질 수 있지만 잠깐이다. 그래야 아이가 엄마 눈치를 살피며 이도저도 못하고 혼란스러워하는 상황을 줄일 수 있다.

"괜찮아."라고 말하지만 여전히 화난 표정과 행동을 거두지 않으면 아이는 부모의 진심이 무엇인지 끊임없이 의심해야 한다. 그럴 땐 "네가 ○○○ 해서 괜찮지 않아, 그렇지만 시간이 조금 지나면 괜찮아질 거야."라고 지금 감정을 솔직하게 털어놓는 게 낫다.

◎ 내성적인 아이와 긍정성의 관계

내성적인 아이는 긍정성이 부족하고 외향적인 아이는 긍정성이 높다고 생각하는가? 전혀 그렇지 않다. '내성적'인 범위는 아이마다 천차만별이다. 선천적으로 내성적인 아이는 전체 아이의 20% 정도다. 내성적인 아이는 겉으로 드러나는 행동이 적극적이지 않지만, 조심스럽고 신중하게 관계를 맺는다. 소극적이고 내성적이더라도 사회생활하는 데는 별 문제가 없다.

활달하고 적극적인 아이들이 사회생활하는 데 유리하다는 어른들의 편견은 아이를 움츠러들게 한다. 명절처럼 가족들이 한자리에 모이는 날이면 아이에게 노래나 태권도 같은 장기를 자랑해보라고 하는 부모가 있다. 외향적인 아이는 반기지만 내성적인 아이들은 꽁무니를 빼고 도망치려 한다.

"그게 뭐가 부끄럽다고 못해?"라며 아이에게 핀잔을 주면 아이는 수줍음을 창피하고 열등한 행동이라고 받아들인다. 그럴 때는 "○○이는 조심성이 많고 신중한 아이야."라고 말하며 지혜롭게 넘겨야 한다. 물론 그 전에 아이의 의사를 묻지 않고 노래를 하라고 하는 건 어른으로서 결코 하지 말아야 할 행동이라는 것도 잊지 말자.

또래에 비해 내성적인 성향이 강하다면 순수하고 남의 말을 잘 들을 줄 알며 자신의 내면에 집중할 줄 아는 아이일 수 있다. 내성적인 아이는 신중하고 섬세하며 꼼꼼하다. 또 배려심이 깊고 감정의 변화를 잘 읽기 때문에 다른 사람에게 상처 주는 말이나 행동을 하는 일도 드물다. 학기 초에는 활동적인 아이들이 눈에 띄지만 시간이 흐를수록 내성적인 아이들이 조용히 리더십을 발휘하는 경우도 많다.

혹시 부모가 아이를 '조용하다 → 내성적이다 → 어두워 보인다 → 부정적이다'의 순서로 생각을 이어간 건 아닌지 반문해보자. 자연스럽게 이어가고 있었다면 부모 자신이야말로 세상을 바라보는 시각이 부정적인 게 아닌지 생각해볼 필요가 있다.

사람마다 민감하거나 연약한 부분이 다르다. 어떤 사람은 촉감에 민감하고, 어떤 사람은 소리에 예민하다. 또 어떤 사람은 마음이 여리고, 어떤 사람은 체력이 약하다. 맞고 틀린 건 없다. 외향적이라 더 좋고 내성적이라 더 좋은 것도 아니다. 각자 기질이 다르고, 기질에 맞는 성장법이 있다. 틀린 것이 아니라 다른 것임을 인정해야 약점보다 강점에 눈을 돌릴 수 있다.

TIP

학부모 공개수업에 대처하는 우리의 자세

학부모 공개수업을 참관한 부모는 크게 두 그룹으로 나뉜다. 얼굴에 웃음꽃이 핀 부모와 근심 꽃이 핀 부모다. 웃음꽃이 핀 부모는 수업에 적극적으로 참여하는 아이를 둔 부모다. 자기 생각을 여러 사람이 보는 앞에서 큰소리로 발표하는 아이를 둔 부모는 세상 부러울 게 없어 보인다. 수업 내내 입 한 번 뻥긋하지 않는 아이를 둔 부모는 자기도 모르게 한숨을 내쉰다. 수업이 끝나고 부모들끼리 주고받는 인사를 할 때도 적극적으로 수업에 참여하는 아이를 둔 부모는 기세등등하다. 아이의 적극성이 감투라도 된 듯하다.

학부모 공개수업은 굉장히 특수한 상황이다. 아이들은 교실에 낯선 사람이 한 명만 들어와도 공부 환경이 달라졌다고 느낀다. 공개수업처럼 뒷자리를 가득 메운 낯선 어른들의 등장에 긴장하지 않는 아이는 드물다. 씩씩해 보이고, 리더십도 있어 보이는 남의 집 아이가 공개수업에서 두드러져 보이는 건 사실이다. 하지만 보통 아이들은 평소와 다른 분위기에서 평소처럼 행동하지 못한다. 평소에 잘하던 아이도 공개수업 중에는 긴장해서 소극적으로 행동하곤 한다.

고작 40분 수업으로 아이의 학교생활을 평가할 수는 없다. 발표는 소극적이어도 개인 활동에는 최선을 다했다든지, 선생님 말이나 친구의 발표에 귀기울이는 모습이 기특했다든지 등 사소한 행동에도 칭찬거리를 찾아보자. 아이가 용기 내어 한 발표에 "기어들어 가는 목소리로 발표해서 하나도 못 알아들었어. 목소리를 크게 내야 잘 들리지." 같은 피드백은 안 하느니만 못하다. 전달력이 부족했다는 평가보다 용기 내서 발표한 행동과 발표 내용을 칭찬해야 한다. 제발 남의 집 애랑 비교하지 말자.

◇◇◇◇◇◇◇◇◇◇ 혼자가 좋다는 아이

A. 지우는 차분하고 말수가 적은 데다 사교적이거나 활동적이지 않은 3학년 남자아이다. 엄마는 이런 지우가 걱정이다. "학교에서 누구랑 놀았어?"라고 물어보면 "혼자 종이접기 했어."라며 항상 같은 대답을 한다. 대답을 들을 때마다 가슴에 돌덩이가 얹어진 듯 답답하다. 친한 친구 한 명 없이 외톨이로 지내는 게 아닌가 싶어 걱정도 되고 마음이 쓰리다. 고학년이 되면 또래 남자아이들 사이에서 치일 것만 같고, 중·고등학생이 되면 만만한 아이로 찍히지는 않을지 날이 갈수록 불안하다.

B. 세연이는 조용하고 활동적이지 않은 3학년 남자아이다. "학교에서 뭐 하고 놀았어?"라고 물어보면 "그냥 그림 그렸어."라며 항상 같은 대답을 한다. 엄마가 보기에 세연이는 친구들과 어울려 노는 것보다 혼자 조용히 자기가 좋아하는 일에 몰두할 때 더 큰 즐거움을 느끼는 듯하다. 친구 관계로 힘들어하지 않아 다행이다. 지내다 보면 세연이와 잘 맞는 친구가 생길 거라 믿는다.

지우와 세연이는 성향이 비슷한데 엄마들의 질문과 반응은 전혀 다르다. 혼자라 외롭거나 힘든 게 아니라면 일단은 아이를 믿고 지켜보는 게 좋다. 불안하고 걱정이라면 담임 선생님께 연락해서 아이가 학교에서 어떻게 지내는지 들어보자. 친구 관계에 문제가 있는 게 아니라면 한 걸음 물러서서 지켜봐주는 것만으로도 충분하다.

◎ '누구랑' 놀았냐고 묻지 말기

아이들이 가장 난감해하는 질문이 있는데, 바로 "오늘 누구랑 놀았어?"다. 학교에서 막 돌아온 아이에게 "오늘 누구랑 놀았어?"라고 물은 적이 있을 것이다. 돌아온 대답이 "○○이랑 놀았어."라면 한숨 돌리지만, 혼자 놀았다는 대답을 들으면 걱정이 쓰나미처럼 밀려온다. 학부모 상담 때 학부모님들의 단골 질문이 "우리 애 친구들과 잘 지내나요?"인 걸 보면 학교생활에서 학습만큼 중요하게 여기는 게 교우 관계가 아닐까 싶다.

교우 관계는 당연히 중요하다. 학교라는 작은 사회 속에서 함께 하는 친구가 있으면 그만큼 든든하다. 특히 또래 집단 속에서 소속감과 안정감을 느끼는 아이라면 더욱 교우 관계가 중요하게 여겨진다. 그런데 혼자 있어도 아무렇지 않거나 도리어 독립적으로 생활할 때 안정감을 느끼는 아이도 있다. 한 반에 아이들이 서른 명 정도라면 그중 네댓 명은 혼자 있을 때 안정감을 느낀다.

《콰이어트》의 저자 수잔 케인에 따르면, 전체 인구 중 1/3이 내성적이라고 한다. 연구자에 따라 전체 인구 중 내성적인 사람을 좁게는 25%에서 넓게는 40%라고 말하기도 한다.

"누구랑 놀았어?"라는 질문은 교우 관계를 중요하게 여기는 아이에게도, 독립적인 아이에게도 크게 도움이 되지 않는다. "○○이랑 놀았어."라며 밝은 목소리로 대답하는 아이의 마음속에는 친구랑 어울려 논 것이 옳은 행동으로 각인되기 쉽다. 반대로 "혼자 놀았어."라고 대답을 하고 나면 관계 맺기에 실패했다고 인식하기도 한다. 독립적인 아이에게도 마찬가지다. '혼자'라는 단어에 죄의식을 느끼게 할 이유가 없다.

학교생활이 정 궁금하면 "뭐 하고 놀았어?"라고 물어보자. 부모는 '무엇'보다 '누구'가 궁금하겠지만 아이 입장에서는 '누구'가 중요하지 않을 때가 많다. 특히 저학년 아이들은 놀이 종류에 따라 여기 모였다, 저기 끼였다 하며 논다. 딱지치기 할 때는 이 무리에서 놀다가, 술래잡기 할 때는 저 무리에서 논다. 아이들은 놀이를 했을 뿐, 누구랑 했는지는 중요하지 않을 때가 많다. 무엇을 하며 놀았는지 물으면 누군가랑 놀아야 한다는 강박에서 벗어날 수 있다. 친구들과 어울리는 데 문제가 없다면 크게 염려하지 않아도 된다. 특히 친한 친구가 없는 것은 걱정할 필요가 없다.

내 아이가 학교에서 외톨이로 지내는 게 아닌지 걱정하는 부모가 많다. 그러나 교사들은 친구들에게 지나치게 휘둘리는 아이나 친구는 많지만 친구 관계에 지나치게 집착하는 아이를 훨씬 더 걱정한다. 실제로 친구가 많은 아이들이 그 사이에서 갈등을 겪어 힘들어하는 경우를 더 많이 보기 때문이다.

친구와 갈등을 겪는 아이

아이가 학교생활을 시작하면 부모와의 관계를 넘어 또래 관계를 맺는다. 처음에는 순조롭지 않을 수 있다. 친구들과 친하게 지내고 싶지만 뜻대로 되지 않아 힘들어하면 곁에서 지켜보는 부모는 애간장이 탄다.

담임 선생님에게 도움을 구하거나 부모가 대신 나서줄 수도 있지만 늘 가능한 건 아니다. 그래서 더욱 세상을 살아가면서 갈등은 필연적이라는 사실을 알려줘야 한다. 친구와 의견이 다를 수도 있고, 그러다 다툴 수도 있다고 말이다. 모든 사람과 친하게 지낼 수도 없다는 것도 알려줘야 한다. 내 마음을 알아주는 친구는 천천히 만날 수도 있다고 알려줘야 아이도 마음의 준비를 할 수 있다.

◎ 마음 신호등 켜기

'마음 신호등'은 2학년 1학기 통합교과 시간에 배우는 내용이다. 수업할 때는 주로 역할극을 활용하는데, 말보다 몸으로 배우는 게 효과적이기 때문이다.

"자동차가 서로의 안전을 지켜주기 위해서는 신호등을 잘 지켜야 해. 친구 관계에서도 마찬가지야. 서로의 마음을 안전하게 지켜주기 위해서 마음 신호등을 켜보자. 빨간불이 켜지면 일단 멈추는 거야. 빨간불이 켜졌는데 자동차가 그냥 달려버리면 큰 사고가 나겠지? 우리 마음도 그래. 일단 멈추고 기다리는 거야. 그다음 주황불이 켜지면 생각하는 거야. 이때는 나와 친구의 마음을 모두 생각하는 거지. 내가 느끼는 감정, 친구가 느낄 것 같은 감정을 떠올려보도록 해. 마지막 드디어 초록불이 켜지면 표현하는 거야. 뭘 표현하면 좋을까? 주황불이 켜졌을 때 떠올린 마음을 표현하는 거지. 내 마음과 네 마음을 말이야. 초록불이 켜졌다고 '부릉' 하고 세게 달리면 다시 사고가 날 수 있어. 천천히, 화내지 않고 친절하게 말해야 해."

- **빨간불** - 멈추기
- **주황불** - 생각하기
- **초록불** - 표현하기

활동을 해보면 초록불의 '표현하기' 단계에서 머뭇거리는 아이가 많다. 특히 부정적 감정 표현이 서툴다. 아이가 화가 나거나 속상할 때 어떻게 행동하는지 떠올려보자. 보통은 입을 꾹 닫고 눈빛과 표정과 몸짓으로 감정을 드러낸다. 감정이 복받치면 소리를 지르거나 우는 아이는 있어도 말로 표현하는 아이는 드물다.

그래서 여러 예시 문장을 주고 거기에 살을 붙여 연습하도록 유도한다. 집에서도 다양한 갈등 상황을 예시로 들며 연습해보자. 내 마음이나 상대의 마음을 읽고 말하는 연습을 여러 번 할수록 머뭇거리는 횟수가 줄어든다. 갈등 상황의 예시로는 지나가다가 친구와 부딪혔을 때, 친구와 의견이 다를 때, 친구가 다음에 놀자고 할 때, 친구가 약속을 어겼을 때, 친구가 자신의 물건을 허락 없이 만졌을 때 등이 있다.

매사에 부정적인 아이

아이들과 생활해보면 생각보다 많은 아이들이 부정적인 감정에 빠져 있다는 걸 발견한다. "나는 원래 잘하지 못해서 해봤자 소용 없어요.", "나는 뚱뚱하고 키도 작아요.", "나는 원래 친구가 없어요.", "손 들어봤자 선생님이 안 시켜 줄 거예요.", "나는 이미 글러 먹었어요.", "이번 생은 망했어요." 같은 말을 너무 아무렇지 않게 해서 놀랄 정도다.

상담을 해보면 부모님은 밝고 긍정적인데 아이는 유독 어두운 경우도 있다. 자녀에게 부정적인 사고방식을 심어준 것도 아닌데 말이다. 왜 아이들은 부정적인 감정에 빠지게 되었을까?

◎ 감정의 원인 찾기

부정적인 감정은 부모를 비롯한 여러 외부 환경에 의해 뿌리내린 것일 수 있지만, 아이 내부에 원인이 있을 수 있다. 부정적인 감정의 씨앗은 아이 내부의 원인과 외부 자극이 만나 화학반응을 일으키며 뿌리를 내리고 싹을 틔운다. 한 번 싹튼 부정적 감정은 아이의 예민한 감각과 소심함, 크고 작은 부정적 경험을 양분 삼아 더욱 견고해진다.

육아를 하다 보면 세상에서 가장 소중한 자식인 건 분명하지만 내가 생각하는 이상적인 아이와는 너무 다른 아이의 모습을 발견하기도 한다. 물론 그렇다고 해서 어린아이를 보며 "이번 생의 자식 농사는 망쳤다."라고 말하는 부모는 없다. 아니 없어야 한다.

성장 중인 아이를 눈앞에 두고 창창한 미래를 '미리' 단정지으면 곤란하다. 부모라면 아이에게 부정적인 외부 자극제가 되지 않아야 한다. 부족함을 채우며 한창 성장해가는 아이를 앞에 두고 부모도 덩달아 "이미 늦었어."나 "이미 틀렸어." 같은 단정짓는 말을 해서는 안 된다.

◎ '이미' 대신 '아직' 붙이기

'이미' 대신 '아직'이라는 부사를 붙여보면 어떨까? "이미 늦었어."에서 '이미'를 '아직'으로 바꾸면 "아직 늦지 않았어."가 된다. '아직'은 기회와 가능성을 늘리는 마법의 부사다.

단정짓는 말	기회와 가능성을 늘리는 말
'이미 기회를 놓쳤어.'	'아직 기회는 남아 있어.'
'이미 친구가 없는걸.'	'아직 운명의 친구를 못 만났을 뿐이야.'
'이미 뚱뚱하고 키도 작은걸.'	'아직 성장기인걸.'

◎ 학부모 상담을 주저하지 않기

아이가 학교를 마치고 집에 돌아오면 많은 부모가 오늘 학교에서 무슨 일이 있었는지를 묻는다. 가볍게 던진 질문에 아이는 "하나도 재미없었어. 내가 발표하고 싶어서 손 들어도 선생님은 나만 안 시켜줘."라고 답할 수도 있다. 이럴 때 부모는 가슴이 철렁 내려

앉는다. 부모의 머릿속에는 순간적으로 아래와 같은 자동적 사고가 일어난다.

'선생님이 우리 애를 싫어하나?'

'도대체 우리 애가 뭘 잘못한 거지?'

'아니면 내가 뭘 잘못한 게 있나?'

'분명 이유가 있겠지, 설마 우리 애만 발표를 안 시켜준 건 아니겠지'라고 여유 있게 생각할 수 있지만 쉽지 않다. 어쩌면 당연하다. 자꾸만 아이가 말한 상황이 머릿속에 그려지면서 답답하고 화가 난다. 그렇다고 아이 말만 듣고 담임 선생님에게 "왜 우리 애만 발표 안 시켜줘요?"라며 따질 수도 없는 노릇이다. 이럴 땐 어떻게 해야 할까?

그럴 땐 무조건 담임 선생님에게 연락을 하는 것이 좋다. 대개 발표는 손을 먼저 번쩍 든 아이에게 기회를 주지만, 골고루 기회가 돌아가도록 앞서 발표하지 않은 아이에게 기회를 주기도 한다. 손을 가장 빨리 들었는데 앞서 발표했다는 이유로 선택받지 못하기도 하고, 손을 계속 들었는데 너무 많은 아이가 손을 드니 기회를 못 받기도 한다. 우물쭈물하다 손을 늦게 들어 기회를 놓치기도 한다.

어떤 선생님도 발표하려는 아이를 일부러 못하게 막지 않는다. 그렇더라도 일단 보지 못한 상황은 들어봐야 한다. 그래야 오해든 뭐든 풀린다. 고민을 해결해주거나 오해를 풀어줄 사람은 옆집 언니가 아니라 그 상황을 모두 지켜보고 함께한 담임 선생님이다.

불편하고 망설여지겠지만 혼자 고민하며 불신의 싹을 틔우기보다 바로바로 푸는 게 낫다. 아이의 긍정적인 학교생활뿐만 아니라 부모의 정신건강을 위해서라도 말이다.

TIP

학부모 상담 요령

◆ 상담은 문자 메시지나 가정통신용 앱으로 요청하기

담임 선생님과 상담할 일이 종종 생긴다. 학교 부적응, 학습 결손, 건강 같은 문제가 있을 수 있고, 아이가 친구와 갈등이 생겼거나 새 학년 반 배정이 될 때 고려해야 할 상황이 생겼을 수도 있다. 정기적인 학부모 상담 기간이 아니더라도 그때그때 요청할 수 있다. 다만 다짜고짜 전화를 하거나 찾아가면 곤란하다. 아이들이 하교할 때까지 수업이 계속 될 뿐만 아니라 하교 후에도 수업 준비와 업무로 바쁠 때가 많기 때문이다. 이왕이면 문자 메시지나 가정통신용 앱을 이용해 상담을 요청하는 게 좋다. 요청 글을 남길 때는 상담하고 싶은 날짜와 시간, 상담하고 싶은 내용을 간략하게 쓰는 게 좋다. 내용에 따라 담임 선생님이 미리 준비해야 할 자료가 있을 수 있고, 해당 학생과 먼저 상담해서 상황을 면밀히 파악해야 하는 경우도 있기 때문이다.

◆ **상담할 내용 메모해두기**

대면이든 비대면이든 담임 선생님과의 상담은 누구라도 긴장한다. 나도 아이들 담임 선생님을 만날 땐 긴장한다. 그래서 막상 해야 할 말을 하지 못하고 상담을 마치기도 한다. 교실 문을 나서거나 핸드폰을 내려놓고 나서야 '아, 그 말을 못했네!'라는 후회가 들 수 있으니 할 말을 미리 메모한 다음 상담을 시작하길 바란다. 시간과 에너지를 들여 상담한 게 후회되지 않을 것이다.

◆ **아이의 입장은 전달하되 부모의 감정은 전달하지 말기**

안타깝게도 학부모 상담이 모두 해피엔딩은 아니다. "괜히 말했어, 마음만 상했어."라고 말하는 부모도 있고, "아무리 말해도 믿질 않으니 방법이 없네."라고 말하는 교사도 있을 수 있다. 왜 이런 문제가 생기는 걸까? 전부는 아니지만 말투만 바꿔도 새드엔딩이 해피엔딩으로 바뀌곤 한다. 아이가 "엄마, 선생님이 나만 발표 안 시켜줘."라고 말했다고 하자.

A "우리 애가 그러는데 선생님이 자기만 발표 안 시켜준다고 하더라고요. 속상해서 전화했어요."

B "우리 애가 그러는데 선생님이 자기만 발표 안 시켜준다고 하더라고요. 아이가 속상해하는 것 같아서 무슨 일인지 선생님께 여쭤보려고 전화했어요."

속상함의 주체를 A처럼 부모로 표현할 수도 있고, B처럼 아이로 표현할 수도 있다. 부모와 아이 모두 속상하지만 A처럼 말하면 부모가 속상한 걸로 들리고, B처럼 말하면 아이가 속상해해서 해결책을 찾아보려는 걸로 들린다. 정말 '아' 다르고 '어' 다르다.

A처럼 말하면 담임교사는 아이뿐만 아니라 부모의 속상한 감정까지 풀어줘야 한다는 숙제를 안는다. 사실 부모의 속상한 감정은 아이의 속상함이 풀리면 해결될 문제인데 말이다.

반면 B처럼 말하면 속상한 감정의 주체가 아이이므로 대화가 부드러워진다. 담임교사는 당시 상황을 전달하며 어디에서 오해가 생겼고, 어떻게 해야 아이의 속상함을 덜어낼 수 있을지 함께 고민할 수 있다. 부모 역시 아이의 입장을 차분하게 전달하다 보면 상황을 전달받은 담임교사로부터 "어머님도 많이 속상하셨지요."라는 위로의 말을 자연스레 듣게 된다. 자신이 눈으로 직접 보지 않은 상황에 전전긍긍하며 감정의 기복이 생겼다는 걸 굳이 알릴 필요는 없다.

◆ 상담은 문자 메시지로 주고받지 말자

좋은 일보다 안 좋은 일로 상담을 하는 경우가 많다. 그러다 보니 교사와 학부모는 말 한마디도 신중해야 한다. 문자 메시지는 글자라 전하고자 하는 내용을 명료하게 전할 수 있지만, 뉘앙스가 전해지지 않아 딱딱하고 건조하게 읽힐 수 있다. 막상 말로 하면 금방 끝날 내용도 글로 쓰면 굉장히 길어지는 경우가 자주 생긴다. 그러다 보면 서로 답답해지고 시간은 더 걸리기도 한다. 비대면 상담이라면 문자 메시지보다 통화를 하라고 말하는 이유다.

단순히 전달만 하는 내용이라면 문자 메시지, 오해가 생겨서 풀어야 하는 상황이라면 통화, 자세한 상황을 듣고 말하며 대책을 찾아야 하는 상황이라면 대면 상담을 추천한다.

툭 하면 우는 아이

별일 아닌데도 툭하면 우는 아이가 있다. 왜 우냐고 물으면 더 큰 울음으로 답한다. 안 되겠다 싶어 토닥이며 위로하면 더욱 서럽게 운다. 부정적인 감정이 행동을 압도해 울음을 조절하기 힘든 경우다. 툭 하면 우는 아이는 어떻게 대처해야 할까?

◎ 잠깐 기다려주기

눈물을 뚝뚝 흘리며 목 놓아 울 때는 대화가 불가능하다. 상황이나 감정을 침착하게 설명하기 어려운 아이에게 왜 우는지, 무슨 일이 있었는지 묻는 건 다그치는 것과 다르지 않다. 아이는 울먹이며 답할 테고, 부모는 똑바로 알아듣게 말하라고 하면서 상황을 악화시킬 게 눈에 선하다. 이럴 때 필요한 건 요동치는 마음이 가라앉기를 기다려주는 일이다.

물론 아이가 울음을 그칠 때까지 기다리는 게 부모로서 여간 고통스러운 게 아니다. 그렇다고 해도 쏟아지는 눈물을 억지로 틀어

막을 순 없다. 감정의 주인은 아이이기 때문이다.

이때는 "충분히 울어도 괜찮아. 눈물이 멈추고 마음이 가라앉으면 엄마에게 말해줘. 기다릴게."라고 말해보자. 목 놓아 울던 아이는 자신의 감정을 받아줄 누군가가 있다는 것을 확인하면 이내 침착해진다.

◎ 감정 안아주기

요동치던 감정이 가라앉고 나면 그제야 대화가 가능해진다.

① "왜?"라고 묻지 않기

"왜 울었어?", "왜 화났어?" 같은 '왜'로 시작하는 질문은 삼가자. 자칫 추궁하듯 들릴 수 있다. 더욱이 어린아이일수록 '왜'라는 질문에 명확하게 답하기 어려워한다.

② 사건의 유무 묻기

"속상한 일이 있었어?", "화가 난 일이 있었어?", "슬픈 일이 있었어?"처럼 '사건'의 유무를 물으면 아이는 더 빨리 말문을 연다. '네', 혹은 '아니오'로 답할 수 있는 질문은 눈물을 흘리게 만든 사건을 좀 더 명료화시킨다.

③ 감정 인정하기

"동생이 내 그림을 구겼어."라는 말에 "조금 구겨졌다고 울 일이야?"나 "네가 이런 데 놔두니 구겨지지. 너도 잘한 게 없어."라는 식이면 곤란하다. 훈수는 다음 단계로 넘어가지 못하게 하는 걸림돌이다.

이 정도 일로 울지 않기를 바란다면 공감해주는 게 먼저다. "그래서 화가 났구나. 소중한 게 망가지면 화날 수 있지."라고 감정을 인정해야 한다. 아이가 긍정적인 감정은 옳은 감정이고 부정적인 감정은 틀린 감정이라고 여기지 않도록 공감하는 게 우선이다. "그래, 그럴 수 있지."로 부정적인 감정을 공감받아야 아이도 비로소 다음 단계로 넘어갈 수 있다.

◎ 다르게 표현하도록 돕기

부정적인 감정을 울지 않고 말로 표현하는 방법을 연습해야 한다. 울지 않고 말하는 게 슬프고 화나는 감정을 누르라는 말이 아니다. 똑같은 감정을 건강하게 표현하라는 말이다.

부모 **"우리 마음은 너무 깊은 곳에 있어서 눈으로 보이지 않아. 그래서 마음의 주인이 말로 설명해줘야 알 수 있어. 우는 것 대신 속마음을 말로 설명해줘. 한 번 해볼까?"**

아이 **"내 그림이 구겨져서 너무 화가 나. 다음부터는 조심해줘."**

부모는 이때 동생에게 "그림이 구겨져서 언니(누나)가 화가 났구나. 언니(누나), 다음부터는 조심할게."라고 말할 수 있도록 알려줘야 한다. 이렇게 아이가 말로 감정을 표현하면 부모는 더 깊게 공감해줘야 한다. 아이는 울고 있을 때 안아주는 것보다 울음을 그치고 감정을 말로 표현했을 때 안아주는 걸 더욱 따뜻한 격려로 받아들인다.

◇◇◇◇◇◇◇◇◇◇ 자꾸 남 탓하는 아이

성현이는 입만 열면 "너 때문이야."라고 말한다. 친구들은 그런 성현이를 '투덜이'라고 부른다.

"너 때문에 망쳤어."

"너 때문에 늦었어."

"너 때문에 힘들어."

'탓'은 구실이나 핑계 삼아 누군가를 원망하거나 나무라는 일이다. 주로 부정적인 상황의 원인을 말할 때 사용한다. 주변 상황에 때문에 불평불만이 생기면 그 마음은 고스란히 표정과 말투, 행동으로 드러난다. 남 탓은 초등 시기 아이들이 자신을 지키는 가장 흔한 방어기제다. 남 핑계를 대지 않으면 오롯이 자신이 책임져야 하는데, 아직은 아이에게 책임이라는 단어가 너무 무겁다. 책임은 실수를 받아들이는 엄청난 용기가 있어야 가능한 일이기 때문이다.

◎ 판결하기보다 마음 인정하기

남 탓하는 아이를 둔 부모는 대체로 문제를 아이에게 돌리려 한다. 한두 번도 아니고 매번 남 탓이라고 둘러대니 어쩌겠는가. 부모는 "네가 잘못 해놓고 왜 친구 탓을 해! 이건 네 잘못이야." 같은 말로 판결을 한다. 하지만 잘잘못을 판결하는 공정한 부모는 이런 아이들에게 아무런 도움이 되지 않는다.

"망친 것 같아 속상했겠구나."라고 아이의 마음을 들어주는 것이 우선이다. 아이들의 여린 마음으로는 자신의 잘못을 들키는 것도 힘든데 인정하는 것은 더욱 어렵다.

◎ 부정적인 자아 개념 살펴보기

매번 남 탓을 하는 아이라면 '남 탓은 나쁜 것'이라고 가르치기 전에, 아이가 부정적인 자아 개념을 가지고 있는 건 아닌지 살펴보자. 남 탓을 자주 하는 아이는 피해의식이 있어 남의 말과 행동을 곡해하기 쉽다. 부정적인 자아 개념을 가졌기 때문이다.

긍정적인 자아 개념을 가진다면 누군가를 쉽게 탓하지 않고, 자신이 실수하더라도 그럴 수 있다고 여긴다. 자신의 잘못에 대해 누군가가 자신을 비난할 거라 쉽게 단정짓지도 않는다. 다른 사람의 잘못으로 인해 피해를 보더라도 그 사람의 행동에 이유가 있을 것이라고 생각하는 여유가 있다. 그래서 다툼이 있더라도 쉽게 화해하고 용서하는 마음을 가진다.

◎ 허용적인 환경 만들기

그렇다면 남 탓하는 아이에게 필요한 것은 무엇일까? 바로 실수나 잘못을 용납하고 인정해주는 '허용적인 환경'이다. 허용적인 환경에서는 자신의 실수나 잘못을 마주하더라도 불안한 감정이 줄어든다. 그리고 다른 사람의 실수나 잘못에도 너그러워질 수 있다.

"실수해도 괜찮아.", "잘하지 않아도 괜찮아."라며 그 실수를 너그러이 받아줘야 아이는 안정감을 느낀다. 단순히 탓하기가 버릇인 아이로 바라보지 말고 내면의 긍정성을 키워주자.

매번 비교하는 아이

학교 주변에 새 아파트가 들어서면서 학교의 재학생 수가 몇 배로 늘어난 적이 있다. 학급당 인원수가 기준을 초과해 학군을 조정해야 할 정도였다. 같은 아파트라도 학군을 나눠야 해서 수요 조사를 하게 되었다.

"109동 사는 사람? 110동 사는 사람?"

아파트 동별 학생 수를 거수로 확인하던 중 아이들끼리 떠드는 소리가 들렸다.

"너 110동 살아? 거긴 24평이지? 109동은 34평이야. 34평 사는 사람 손?"

동별 학생 수 조사는 아파트 평수 조사로 전락했다. 3학년 아이들의 대화라는 게 믿기지 않겠지만 현실이다. 24평, 34평은 어디서 들었을까? 안타깝게도 아이들의 비교 의식은 부모로부터 배운 경우가 많다.

◎ 비교급 문장을 조심하자

어른들이 아무렇지 않게 하는 타인과의 비교가 아이들 의식에 자연스레 젖어든다. 아이가 평소에 다른 사람과 비교를 자주 한다면 부모는 자신을 한 번 돌아봐야 한다. 나도 모르게 그냥 '넓은 집'이 아니라 '110동보다 넓은 집', 그냥 '뚱뚱해'가 아니라 '누구보다 뚱뚱해'로 표현했던 건 아닌지 말이다.

비교는 또 다른 비교를 낳는다. 남보다 잘해야 한다는 생각, 이겨야 한다는 생각이 자신을 해칠 수 있다는 걸 알려줘야 한다. 비교하지 않으려면 다름을 인정할 줄 알아야 한다. 내가 가진 재능과 친구가 가진 재능은 달라서 비교할 수 없다고 가르쳐야 한다. 사람마다 각기 다른 성격과 재능이 있기에 비교하는 건 불가능하고, 의미가 없다고 말이다.

"윤서는 수학을 잘하지만 나는 윤서보다 수학을 못해."라는 말은 우열을 가려 비교하는 말이다. 그럴 땐 "윤서는 수학을 잘하고, 너는 영어를 잘해."처럼 잘한다는 범주 안에 각자가 가진 재능을 열거한 말로 바꿔줘야 한다. 물론 아이의 말을 바꿔주기 전에 부모인 나부터 비교급 문장은 삼가도록 하자.

◇◇◇◇◇◇◇◇◇◇ 긍정적 반응을 부정적 반응보다 다섯 배 더 하자

거듭 말했듯이 긍정성은 타고난 능력이 아니다. 만 7세 전후로 상당 부분 형성되고 만 13세를 전후로 단단해지기 때문에, 현재 우리 아이가 부정적인 사고방식을 가졌다면 아이가 변할 수 있다고 믿고 적극적으로 아이를 도와야 한다.

《내 아이를 위한 감정코칭》의 저자이자 미국의 심리학자인 존 가트맨은 부부 관계가 안정적이려면 긍정적 반응과 부정적 반응의 비율이 5:1은 되어야 한다고 말한다. 이 비율은 부부 관계뿐만 아니라 부모와 자녀 관계에도 그대로 적용할 수 있다. 부모는 자녀에게 부정적 반응보다 긍정적 반응을 다섯 배 이상 많이 해야 한다는 말이다.

어린 시절에 부모나 가족을 비롯한 가까운 이들로부터 받은 애정 어린 눈빛과 사랑의 말은 아이의 마음속에 차곡차곡 저장되어 힘들 때 하나씩 꺼내먹는 심리적 자원이 된다. 마치 우리가 당 떨어지면 입에 쏙 넣는 사탕처럼.

오늘 하루를 되돌아보자. 자녀에게 긍정적 반응을 얼마나 많이 보였는가? 긍정적 반응을 부정적 반응보다 다섯 배 이상 전했는가? 아이에게 긍정의 사탕을 많이 쥐어주자. 힘들 때 꺼내 먹을 수 있도록 말이다.

긍정성을 끌어올리는 네 가지 트레이닝

ABCD 훈련

3월 1일, 개학을 앞둔 희주는 근심이 가득하다. 내일이 오지 않았으면 좋겠다고 엄마에게 투정을 부린다.

"새 학년이 되어 새로운 친구들과 선생님, 새 교실에서 학교생활을 하는 것은 정말 최악이야. 선생님은 굉장히 무서울 게 분명해. 아무도 나를 친구로 대해주지 않을 것 같아. 바뀐 반도 찾지 못해 개학 첫날부터 우왕좌왕하면 어쩌지?"

희주의 투정에 엄마도 덩달아 불안해진다.

희주처럼 새 학기 증후군을 겪는 아이가 꽤 많다. 아이가 예민하고 불안이 높으면 환경 변화에 더욱 민감하다. 불안을 야기하는 외부의 자극 요소를 제거하는 게 좋지만 아이가 맞닥뜨리는 환경의 모든 자극 요소를 제거하는 건 불가능하다. 결국 우리는 내면의 힘으로 스스로 불안을 낮추는 방법을 찾아야 한다. 이때 말하는 내면의 힘이 긍정성이다.

긍정성은 단순히 무조건 좋게 보는 것이 아니다. 긍정성은 주어진 사실을 부풀리거나 축소하는 식의 왜곡 없이 있는 그대로, 객관적으로 해석하는 것이다. 자신이 처한 현실을 냉정하게 판단하되 가능성을 위해 노력하는 자세가 긍정성이다. 다행히도 긍정성은 훈련을 통해 충분히 길러진다.

왜곡해서 보는 사고를 객관적으로 바라보도록 전환해주는 기법인 ABCD 훈련을 소개한다.

◎ A(adversity, 불행한 사건)

스트레스나 걱정을 유발하는 사건을 파악하는 단계다. A단계에서는 스트레스나 걱정을 일으키는 원인을 파악한다. 희주에게는 새 학년, 새 친구, 새 선생님, 새 교실과 같은 변화가 불행한 사건에 해당한다. 아이에 따라 발표 상황, 부모와 분리되는 상황, 시험 등이 불행한 사건이 되기도 한다.

◎ **B(belief, 엉뚱한 믿음)**

사건을 부정적으로 바라보고 반응하면 엉뚱한 믿음에 도달하기도 한다. B단계에서는 앞서 사건을 객관적으로 바라보며 파악한 원인을 토대로 비합리적인 믿음에서 벗어난다. 희주는 새로운 환경을 불행한 사건으로 여기므로 이 상황이 두렵고 걱정된다.

'새 학년이 되어서 친구들, 선생님, 교실… 최악이다'

부모는 우선 변화를 두려워하는 아이의 감정을 충분히 공감해줘야 한다.

"새롭게 적응하려니 두렵지? 두렵고 걱정스러운 마음이 드는 건 당연해. 엄마도 학교 다닐 때 그런 감정이 들었던 게 떠올라."

◎ **C(consequence, 잘못된 결론)**

공감에서 그치면 다음 단계로 넘어갈 수 없다. B단계에서 생긴 엉뚱한 믿음은 잘못된 결론으로 이어진다. 잘못된 결론은 반복적으로 부정적인 자기실현 예언을 부른다.

희주는 아직 일어나지도 않은 상황을 가지고 잘못된 결론을 미리 내버린다. 새로운 학년과 반이 최악일지는 알 수 없다. 친구 관계도 아직 일어나지 않은 일이다. 선생님이 누구인지도 아직 모른다. 아이가 내린 잘못된 결론은 다음 단계에서 수정을 거쳐야 한다.

◎ **D(disputation, 반박하기)**

D단계인 반박하기가 가장 중요하다. C단계에서 내린 잘못된 결론을 바꾸려면 비합리적인 부분을 찾아 반박할 수 있어야 한다.

"새 학년이 되어 새로운 친구들과 선생님, 새 교실에서 학교생활을 하는 것은 정말 최악이야.①선생님은 굉장히 무서울 게 분명해.②아무도 나를 친구로 대해주지 않을 것 같아.③바뀐 반도 찾지 못해 개학 첫날부터 우왕좌왕하면 어쩌지?④"

아이와 함께 겪어보지 못한 상황을 비합리적으로 단정지은 부분을 찾아보자. '① 정말 최악이야.'라고 결론 내린 감정은 '재미있을지 혹은 힘들지 알 수 없어 긴장된다.'와 같이 객관적인 사실로 고쳐야 한다.

'② 선생님은 굉장히 무서울 게 분명해.'도 마찬가지다. 아직 만나거나 겪어보지 못한 선생님을 무섭다고 단정하는 건 비합리적이다. '선생님이 무서울까 봐 걱정되지만 겪어보면 또 어떨지 모르겠어.'라고 결론을 내리는 게 바람직하다.

'③ 아무도 나를 친구로 대해주지 않을 것 같아.'처럼 같은 반 친구 중 단 한 명도 나를 친구로 대해주지 않을 것이라는 결론은 비

약이다. 실제로 어떤 친구와는 좋은 관계를 맺고, 또 어떤 친구와는 데면데면할 수 있다. '모두, 아무도, 전부'와 같은 단어는 결론으로 적기에는 굉장히 위험하다. '친구로 대해주지 않을 것 같아.'라는 말 또한 제한적인 결론이다. 인간관계에 수동적으로 바라보는 태도가 엿보인다. 감나무 아래에서 감이 떨어지기만을 입 벌리고 기다리듯 가만히 앉아 누군가 먼저 손 내밀어주기만을 기다리는 것은 관계에 있어 바람직하지 않다.

'④ 바뀐 반도 찾지 못해 개학 첫날부터 우왕좌왕할 것이다.' 또한 알 수 없는 일이다. 개학날이므로 학교 정문에 커다랗게 반별 위치 안내판이 붙어 있을 수 있고, 교실을 안내하는 선생님들이 계실 수도 있다. 설사 안내판도 없고 안내자도 없어 우왕좌왕하더라도 찾으면 된다. 희주가 학교를 헤매고 다녔다는 걸 누구도 모를 것이다. 보통 사람들은 우왕좌왕하는 아이에게 그다지 관심을 보이지 않는다. 결국 교실은 찾을 수 있다. 이마저도 걱정되면 학교 홈페이지에 있는 학교 안내도를 보고 미리 교실 위치를 익혀둬도 좋다. 개학 전에 미리 학교를 방문해보는 것도 괜찮다.

ABCD 훈련은 긍정성을 의도적으로 훈련하는 기술이지만, 비합리적인 생각을 찾는 과정을 가시화하는 데 써도 도움이 된다. 아이의 부정적인 생각을 글로 옮겨 적고 함께 읽어본 다음, 비합리적인 부분에 밑줄을 치고 수정해보는 거다. 말로 들을 때보다 훨씬 더 객관적으로 상황을 파악할 수 있다. 번거롭고 귀찮더라도 꾸준히 훈련하면 조금씩 변하는 게 보인다.

장애물 극복 훈련

긍정적인 아이들은 과제를 수행하면서 보상을 상상한다. 이번 시험에서 좋은 성적을 받아서 부모님께 선물이나 칭찬을 받는 상상 말이다. 이런 상상은 상상하는 동안에는 마치 그 미래에 도달한 듯 황홀한 기분을 가져다준다. 하지만 그 이상도 그 이하도 아니다. 성과와는 무관한 상상이다.

부정적인 아이들도 시험에서 A등급을 받고 싶어 한다. 하지만 성공을 떠올리기도 전에 이런 상상을 먼저 한다. '저번에도 좋은 결과를 얻지 못했는데…', '공부하는 곳이 너무 산만해서 집중하기 어려워', '분명 동생이 재미있는 TV 프로그램을 보며 나를 놀릴 거야.' 이런 상상 역시 성과와는 무관하다.

기대한 성과를 얻으려면 긍정적인 결과를 상상하거나 여러 장애물을 상상하는 데서 그쳐선 안 된다. 긍정적인 결과와 장애물을 동시에 상상해야 한다. 그런데 아이가 어떤 성향이든 결과와 장애물을 동시에 상상하기는 어렵다. 이때 부모의 지혜로운 말 한마디가 아이 스스로 해답을 찾는 데 도움을 줄 수 있다. 예를 들면 다음과 같다.

◎ 1단계: 긍정적 결과 상상하기

'수학 시험 점수 10점 향상'이라는 결과를 상상할 수 있다. 결과에 관한 이야기를 나눴다면 부모는 "공부할 때 방해가 되는 게 뭐니?"처럼 다음 단계로 나아가는 말을 해줄 수 있다.

◎ 2단계: 예상되는 장애물 상상하기

공부를 방해하는 요인을 떠올려보게 한다. '핸드폰' 같은 물건이나 '유튜브' 등의 즐길 거리를 떠올릴 수 있고, '공부 장소가 산만하다' 같은 환경을 떠올릴 수 있다. 또는 '동생이 재미있는 TV 프로그램을 보며 나를 놀린다' 같은 방해받는 행동을 떠올릴 수 있다. 이때 부모는 "공부하는 동안 핸드폰은 어디에 보관하면 좋을까?" 또는 "엄마가 어떻게 도와줄까?" 같은 방해 요인을 없애는 방법을 제안할 수 있다.

◎ 3단계: 장애물 극복 방법 세우기

아이가 스스로 장애물을 생각해냈을 때는 아이와 함께 '공부를 다 끝내고 핸드폰 하루 10분 사용하기'와 '공부하는 동안에는 핸드폰 거실 서랍장에 보관하기' 같은 제한이나 '혼자 공부할 수 있는 시간과 장소' 같은 환경 바꾸기, '가족들이 내가 공부하는 동안 TV를 보지 않기' 같은 규칙 만들기 등 다양한 극복 방법을 세울 수 있다.

◇◇◇◇◇◇◇◇◇◇◇◇ 감사일기 쓰기

긍정성을 키우는 강력한 방법에는 '감사하기'가 있다. 작은 일에도 감사할 줄 아는 아이는 어떤 상황에서도 긍정성을 잃지 않는다. 어두울수록 작은 감사의 빛에 초점을 모을 수 있는 아이로 키우기 위해 한 줄 감사일기 쓰기를 추천한다.

우울감을 자주 느끼는 사람들에게 3개월간 감사일기를 쓰게 한 뒤 평범한 일상을 영상으로 보여주었더니 감정의 뇌인 변연계가 활성화되었다는 실험 결과가 있다. 작은 것에도 감사를 느끼는 감정 회로는 훈련으로 키울 수 있다. 감사일기는 불평불만 대신 감사를 느낄 수 있도록 훈련하는 방법이다.

나는 매일 1교시 시작 전에 아이들과 함께 '하루를 여는 시간'을 가진다. 지난 저녁부터 오늘 아침까지 일어난 일 중 감사할 일을 떠올리고 편안하게 대화를 나누며 하루를 시작한다.

"오늘 아침 눈을 떴을 때 처음 만났던 사람을 떠올려보세요. 그 사람의 손을 꼭 잡아보세요. 따뜻한 손길을 느껴볼까요. 감사하고 사랑하는 마음을 담아 그 사람을 꼬옥 안아주세요. 머리칼을 쓰다듬어주시는 엄마의 손길, 내 이름을 불러주며 아침을 깨우는 목소리, 밥 짓는 고소한 냄새, 빠진 학교 준비물이 없는지 물어보시는 아빠, 등굣길 내 손을 꼭 잡는 동생, 코끝을 간지럽히며 살랑대는 바람, 건널목을 지켜주는 교통

지도 할아버지, 교실에서 반갑게 인사하는 친구들…. 우리의 평범한 일상에서도 감사할 일이 너무나도 많답니다."

아이들은 조용히 눈을 감고 감사한 사람을 떠올린다.

"엄마가 바쁜 아침 시간인데도 계란말이를 해주셔서 정말 감사해요."

"지연이가 떨어진 내 지우개를 주워줘서 고마워요."

"등굣길에 예쁜 벚꽃 잎이 내 머리 위에 떨어져서 감사해요."

"한 입만 더 먹으라며 숟가락을 들어 떠먹여주시려는 할머니에게 마구 화내며 나와서 죄송하고 후회돼요."

우리 반 아이들은 하루를 마칠 때 알림장에 '오늘의 감사'를 적는다. 처음에는 감사한 게 하나도 없다며 투덜대던 아이도 어느 순간 적을 칸이 모자란다고 말한다. 별것도 아닌 일에도 투덜대던 아이가 작은 친절에도 고맙다고 말하는 아이로 변해간다. 사소한 일에 감사를 느끼는 만큼 불만은 줄어든다. 감사와 불만은 총량의 법칙을 따르기 때문이다.

아이들은 주로 가족, 친구, 친척, 이웃들에게 감사를 느끼는데, 주위 사람들에게 감사를 전하면서 소통력과 공감력을 자연스럽게 키운다. '할머니에게 죄송하다'는 아이의 발표처럼 죄송하고 후회되는 감정 역시 감사에서 뻗어 나온 감정의 갈래다. 할머니에게 감사하기 때문에 자신이 보인 행동이 후회되고 할머니에게 죄송한 마음이 든 것이다. 이런 죄송한 감정도 기록에 남겨두면 좋다. 그런 감정을 느껴본 아이의 내일은 더 작은 일에 더 많은 감사로 채워진다.

고요한 밤, 내일을 준비하기 전 아이와 함께 감사일기를 써보자. 미소를 지었던 일, 가슴이 따뜻했던 일, 함께 먹었던 식사, 하다못해 바람결에 떨어진 나뭇잎까지 사소한 것일수록 좋다. 매일 감사일기를 쓰는 일은 내면의 긍정성을 글로 기록하는 과정이다. 아이들은 자신이 쓴 글을 허투루 보지 않는다. 지난날의 감사를 수시로 들춰보며 '그때 이런 것에도 감사를 느꼈지', '그날 참 행복했었어'라고 생각한다. 아이들은 자신이 쓴 글을 보거나 감사한 일을 쓰며 마음을 성장시킨다. 또한 작은 것도 세심하게 관찰하면서 자신의 감정을 돌아볼 수 있는 아이로 자란다.

씻고 재우기 바빠 감사일기를 적기 힘든 날이라면 잠자리에 누워서 대화로 나누는 감사도 충분히 좋다. 아이는 감사라는 감정 이불을 덮고 따뜻한 마음으로 잠들 것이다.

한 줄씩 모인 '오늘의 감사'는 내일의 에너지가 된다. 작은 것에도 감사할 줄 아는 태도야말로 긍정의 태도다. 네 잎 클로버의 '행운'을 찾으려고 무수히 널린 세 잎 클로버를 손으로 훑고만 있지 않기를 바란다. 세 잎 클로버의 꽃말은 '행복'이다. 매일 반복되는 일상 속 의미 없는 일이나 나를 힘겹게 하는 일도 긍정의 태도로 맞이하면, 내 주위에 널려 있는 무수한 행복을 발견할 수 있을 것이다. 단 하나 있을 행운, 아니 없을지도 모르는 행운을 찾지 못했다고 비관하기에는 오늘도 너무나 감사한 삶이니 말이다.

스킨십

스트레스는 긍정성을 키우는 데 도움이 되지 않는다. 아이의 긍정성을 키우려면 스트레스를 덜 받게 해야 한다. 스트레스를 받아 아이가 불편한 신체 변화를 느낀다면 외부적으로 조절해줄 수 있는 최고의 방법이 있다. 바로 스킨십이다. 스킨십은 스트레스를 낮춰줄 뿐만 아니라 정서 발달에도 효과적이다.

스트레스를 받으면 배가 아프거나 머리가 아프다고 말하는 아이가 있다. 심리학에서는 '신체화 장애'라고 말하는데 실제로 증상이 동반되기도 한다. 이때 증상을 효과적으로 완화시키는 방법이 스킨십이다. '엄마 손은 약손'을 경험한 적이 있는가? 배가 아플 때 엄마가 살살 문질러주면 싹 낫는 마법의 스킨십 말이다. 아이가 긴장이나 불안으로 스트레스를 받게 되었을 때, 부모가 꼭 안아주거나 쓰다듬어주면 불안감이 낮아지고 스트레스 호르몬인 코티솔 분비가 줄어든다.

스킨십은 정서 발달에 긍정적인 도움이 되므로 어렸을 때부터 많이 해주는 게 좋다. 어미 쥐에게서 스킨십을 많이 받은 실험쥐는 자기통제 능력과 사회성이 높았으며 건강하고 오래 살기까지 했다. 어미 쥐의 양육 태도의 차이가 성장한 쥐들의 행동양식에 큰 영향을 끼친 것이다. 스킨십은 정서적인 효과와 더불어 신체적인 효과도 낸다는 말이다.

갓난아기였을 때처럼 물고 빨고는 아니더라도 많이 쓰다듬고, 많이 안아주자. 아니, 물고 빨고 하면 뭐 어떤가? 아이만 거부하지 않는다면 말이다. 아이의 온기를 느끼며 사랑과 신뢰를 손끝으로 전해주자. 사랑한다는 말도 마음속에 담고 있지 말고 표현해야 빠르고 정확하게 전달된다. 때로는 말보다 몸으로 표현하는 게 더 와닿을 때가 있다.

길을 가다 친한 선생님을 만난 적이 있다. 선생님 옆에는 아들이 다정하게 팔짱을 끼고 있었다. 고등학생 아들과 팔짱을 끼고 걸을 수 있는 선생님이야말로 육아 고수로 보였다. 다음날 나는 그 선생님을 찾아가 팔짱의 비법을 전수받았다. 비법은 바로 '매일 스킨십하기'였다.

어느 날 갑자기 관계를 개선해보자며 끌어안거나 볼에 뽀뽀하면 서로 어색하다. 아이는 엄마 손을 거부하고 거부당한 엄마는 민망하다. 그러기 전에 지금부터 당장 적당한 스킨십을 하는 게 비법이다. 안아주고 뽀뽀하기에는 이미 너무 민망한 사이라면 어깨를 토닥이거나 머리를 쓰다듬어주는 정도여도 된다. 핵심은 꾸준히 하는 것이다. 얼굴에 로션을 발라주는 손길도 충분한 스킨십이 될 수 있으니 오늘부터 할 수 있는 것부터 실천해보자.

◎ 스킨십도 루틴이 필요하다

스킨십은 때와 장소를 가리지 않고 많이 하면 좋지만, 아이가 성장할수록 왠지 민망해진다. 그럴 때는 의도적으로 '매일 하는 일'에 '스킨십'을 붙여 루틴을 만들면 도움이 된다.

스킨십 루틴: 매일 하는 일 + (장소) + 스킨십

굿모닝 루틴: 아침에 일어날 때 침대에서 꼬옥 안아주기
(매일 하는 일) (장소) (스킨십)

조급한 마음에 다그치며 소리 높여 아이를 깨우거나 요란스러운 알림 소리로 아침을 맞이하면 밤사이 평온했던 심박 수가 급격하게 높아진다. 아침부터 몸의 긴장도를 높일 필요가 없다. 높은 데시벨과 하이 톤으로 "당장 일어나!"라고 소리치기보다 슬며시 다가가 꼬옥 안아주면 아이는 평온한 아침을 맞이할 수 있다.

등교 루틴: 등교 전 현관 앞에서 꼬옥 안아주기
(매일 하는 일) (장소) (스킨십)

매일 아침 등교하는 아이와의 인사를 꼬옥 안아주기로 정해보자. 안아줄 때는 '꼬옥' 안아준다. '꼬옥'은 갈비뼈가 으스러지게 온 힘을 다해 안아주기다. 꼬옥 안고 속삭이자.

"오늘 우리 딸은 별 같은 아이가 될 거야. 반짝반짝 빛나는 하루를 보내렴."
"오늘 우리 아들은 봄비 같은 아이가 될 거야. 누군가에게 도움을 주는 하루

를 보내렴."

"네가 엄마 딸로 태어나줘서 고마워. 사랑해."

온몸으로 믿음과 사랑을 받은 아이는 부모가 없는 공간에서도 밝은 에너지를 낼 수 있다. 몸에 좋다는 영양제를 입에 털어 넣어주는 것보다 훨씬 더 강력한 영양제가 스킨십임을 기억하자.

굿 나이트 루틴: 자기 전 침대에서 꼬옥 안아주기
(매일 하는 일) (장소) (스킨십)

잠자리에 든 아이를 따뜻하게 꼬옥 안아주며 하루를 마무리하자. 귓가에 대고 "오늘의 근심과 걱정은 엄마에게 건네줘. 엄마가 쓰레기통에 버려줄게. 사랑하는 내 딸, 아들, 잘 자."라고 속삭여주자.

잘할 수 있다는 믿음이 공부를 이끈다

긍정성은 공부 정서를 결정한다

EBS 다큐프라임 〈공부 못하는 아이〉에서 학생들의 성적에 영향을 주는 다양한 변인을 집중적으로 다룬 적이 있다. 그중 2부 '마음을 망치면 공부도 망친다'에서는 긍정성과 성적과의 관계를 파악하는 실험을 했다.

같은 반 4학년 아이들을 수학 성적에 맞춰 교실 두 개에 나눠 앉게 했다. 다음으로 아이들에게 똑같은 수학 문제지를 풀게 했다. 그런데 두 그룹의 평균 점수가 5점 이상 차이가 났다. 왜 이런 일이 벌어진 걸까? 바로 시험을 보기 전에 한 아이들의 행동 때문이었다.

첫 번째 그룹 아이들에게는 지난 일주일간 있었던 일 중에서 기분 나쁘고 짜증났던 일을, 두 번째 그룹 아이들에게는 즐겁고 행복했던 일을 다섯 가지씩 적어보라고 했다. 첫 번째 그룹 아이들은 친구와 싸웠던 일이나 부모에게 혼이 났던 일 등을, 두 번째 그룹 아이들은 친구들과 놀았던 일이나 가족과 놀러 간 일 등을 적었다. 아이들 모두 글을 쓰면서 그때의 감정을 떠올렸고, 그때 품은 감정이 수학 시험 결과로 이어진 것이다.

긍정적 정서는 사고를 확장시키고, 부정적 정서는 사고를 움츠리게 만든다. 실험에서처럼 긍정적 정서를 품게 하면 순간적으로 문제 풀이 능력이 향상된다. 지금 품은 감정에 따라 똑같은 문제가 더 쉬워지기도 더 어려워지기도 한다는 말이다.

혹자는 학습 능력이 타고난 지능과 엉덩이 힘으로 좌우된다고 말한다. 참고 견디면서 하다보면 어느새 공부 성과가 따라온다고 믿는 사람들이다. 결코 그렇지 않다. 아무리 지능이 높은 아이라도 부정적 감정에 사로잡혀 있다면 자신의 능력을 온전히 발휘할 수 없기 때문이다.

더불어 오래 집중해서 앉아 있을 수 있는 힘 역시 타고난 엉덩이 힘이 아니다. 공부는 참고 견디고 버틴다고 잘할 수 있는 게 아니다. 앉아 있는 시간만큼 집중하는 시간이 중요한데, 집중력은 더 알고 싶고, 더 잘하고 싶고, 충분히 잘할 수 있을 거라는 믿음이 있을 때 커진다는 걸 잊지 말자.

'아이가 집중해서 공부했으면' 또는 '아이가 책 한 권이라도 더 읽었으면' 하는 마음에 짜증 섞인 잔소리가 입 밖으로 튀어나올 때가 있다. 잔소리 한바탕으로 아이를 책상 앞에 앉게 할 수는 있다. 하지만 학습 효과는 기대하지 말라. 입을 삐죽거리며 책상 앞에 앉아봤자 효율적으로 공부하기는 글렀다.

눈을 흘기고 잔소리를 하는 대신 평소에는 주지 않던 곰 젤리 하나를 아이 손에 슬쩍 쥐어주는 게 낫다. 더 기분 좋게 책상에 앉을 거고, 조금 더 공부가 쉽게 느껴질 것이다. 작은 곰 젤리 하나가 공부 정서까지 달콤하게 만들어주는 순간이다. 안 그래도 긴 시간 집중해서 공부하기 어려워하는 아이에게 우리는 어떤 정서를 심어줘야 할까? 이것 역시 부모의 선택이다.

자기효능감은 긍정의 척도다

2학년 수학 시간에 규칙 찾기 단원을 공부할 때였다. 여러 가지 규칙을 설명하고 예를 보여준 다음 탐구활동으로 '나만의 규칙으로 삼각 포장지 꾸미기' 활동을 설명하고 시작을 알렸다.

"자, 그럼 시작해볼까요?"

"선생님, 재미있을 것 같아요."

"어서 만들어서 엄마에게 선물로 드리고 싶어요."

신나고 들뜬 목소리 사이로 은지의 기어들어가는 목소리가 들렸다.

"선생님, 어려울 것 같아요. 못 하겠어요."

은지는 망칠까 봐 손도 대지 못하고 있었다. 어려운 활동도 아니고 그림에 소질이 없는 것도 아닌데 말이다.

은지는 공부를 뛰어나게 잘하는 편은 아니지만 그렇다고 크게 부족한 아이도 아니다. 하지만 제시하는 활동마다 시작을 어려워하는 아이다. 실패해도 괜찮다고 말해줘도 시작하지 못했다. 결국 은지는 내 손을 잡고 시작을 할 때가 많았다.

◇◇◇◇◇◇◇◇◇◇◇ 난 할 수 있어 vs 나는 못 할 것 같아

똑같은 조건에서 똑같은 일을 시작하는데도 어떤 사람은 할 수 있다는 긍정적인 믿음을, 어떤 사람은 할 수 없을 거라는 부정적인 믿음을 갖는다. 이러한 자기 능력에 대한 믿음을 심리학에서는 자기효능감self-efficacy이라고 부른다.

효능效能은 나타내다를 뜻하는 효效와 가능하다를 뜻하는 능能이 합쳐진 단어로, 사전적 의미는 좋은 결과나 보람을 나타내는 능력이다. 어떤 병이 나을 수 있도록 약이 효과를 발휘하듯이 자신의 능력이 어떤 일을 할 때 효과를 발휘해서 성공할 수 있다고 스스로 느끼고 믿는 것이 자기효능감이다.

자기효능감은 아이가 얼마나 긍정적인지 알 수 있는 지표이기도 하다. 내가 잘할 수 있을 거라는 믿음인 자기효능감은 긍정성에서 출발하지만, 좌절로부터 빨리 회복한다는 점에서 회복탄력성과도 연결된다.

역경을 받아들이는 감정과 태도는 사람마다 다르다. 누군가는 지나치게 스트레스를 받는가 하면 누군가는 별일 아닌듯 담담하게 받아들이기도 한다. 자기효능감이 높은 사람은 어떤 역경을 맞닥뜨려도 헤쳐 나갈 수 있다고 보는 반면, 낮은 사람은 역경을 스스로 해결할 수 없다고 받아들인다.

아이들 역시 마찬가지다. 어려운 과제를 받아들었을 때 자기효능감이 높은 아이는 '나는 할 수 있을 거야!'라며 해결책을 찾는데 반해, 낮은 아이는 스스로를 믿지 못하기 때문에 '나는 할 수 없어요!'라며 쉽게 포기하려 든다.

자기효능감을 키워주는 네 가지 방법

'나는 할 수 있다!'라는 마음을 가질수 있도록 우리는 아이들을 어떻게 도울 수 있을까?

◎ 작은 성공 경험 만들어주기

스스로 쌓아올린 성공 경험이 많을수록 자기효능감이 높아진다. 반대로 실패 경험이 누적되면 자신감이 떨어지고 '나는 능력이 없어서 해도 안 될 거야!'라는 믿음이 굳어진다. 성공 경험을 자주 쌓게 하려면 목표 설정이 중요하다. 지나치게 원대한 목표는 금물이다. 조금만 애쓰면 성취할 수 있는 목표를 정해서 작은 성공을 자주 반복하게 도와야 한다.

예를 들어 '한 번에 영어 단어를 백 개 외우기' 같은 목표는 백이라는 큰 수의 위압감에 짓눌려 도전조차 힘들 수 있다. 단번에 얻은 큰 성공보다 작은 성공이 자주 반복되도록 수정하는 게 좋다. '하루에 영어 단어를 다섯 개씩 20일 동안 외우기' 또는 '하루에 영어 단어를 열 개씩 10일 동안 외우기'처럼 말이다. 단어 백 개 외우기는 동일하지만 '20일 동안 다섯 개씩'이나 '10일 동안 열 개씩'으로 쪼개면 해볼 만하다고 여기고, 성공 횟수를 열 번에서 스무 번까지 늘릴 수 있어 자기효능감을 키우기에도 더 좋다.

◎ 성공 경험 보여주기

직접 겪지 않은 간접 경험도 자기효능감을 높일 수 있다. 다른 사람의 성공을 관찰하면서 '저 정도면 나도 할 수 있겠는데'라고 생각하는 순간 자기효능감이 높아진다. 반대로 다른 사람의 실패를 자주 목격하면 자기효능감이 낮아진다. 간접 경험의 대상이 아이 주변에 있는 자신과 능력이나 위치가 비슷한 사람일수록 효과는 강해진다.

교실에서도 아이들은 자신과 능력치가 비슷한 아이들의 활동을 보면서 간접 경험을 쌓는다. '저렇게 하면 꽤 괜찮겠어'라는 생각이 드는 좋은 본보기가 널려 있는 곳이 교실이다. 가정에서 간접적인 성공 경험을 쌓게 할 수 있는 사람에는 누가 있을까? 형제자매, 친인척, 친구로 확대해서 찾아볼 수 있다. 주변 사람은 아니지만 자신과 수준이 비슷한 사람의 작품이나 활동 장면을 보여주는 것도 괜찮다.

나는 아이가 특정 피아노곡을 연습할 때, 유명 피아니스트 영상보다는 또래 아이가 연주한 피아노 영상을 먼저 보여준다. (유명 피아니스트가 연주하는 모습은 이후에 감상용으로 보여주는 게 낫다.) 피아니스트 조성진의 연주는 감히 범접할 수 없는 수준이라 나와 연결을 짓기 힘들다. 반면 서툴지만 최선을 다해 연주하는 또래의 모습은 '저 정도면 나도 할 수 있겠다'라는 긍정적인 마음을 품게 한다. 이런 마음이 자기효능감으로 이어진다. 또래는 현실적이지만 조성진은 우상일 뿐이다.

◎ 칭찬하고 격려하기

타인의 칭찬이나 격려가 자기효능감을 높인다. "너는 충분히 할 수 있을 거야." 같은 격려의 말은 자기효능감을 높이지만, "네가 뭘 안다고 그러니?" 같은 사기를 꺾는 말은 자기효능감을 떨어뜨린다. 게다가 부정적인 말은 긍정적인 말보다 더 큰 영향을 미친다. 90쪽에서 말한 긍정적 반응을 부정적 반응보다 다섯 배 이상 해야 한다는 말과도 같은 맥락이다.

어떤 경우라도 부모는 긍정적인 강화자가 되어야 한다. 자녀의 행동에 관심을 가지고 적절한 보상을 해서 자녀가 부모로부터 관심과 칭찬을 받고 있다고 느껴야 한다. 다만 칭찬할 때 조심해야 할 부분이 있다. 이 부분은 114쪽에서 살펴보기로 하자.

◎ 스트레스에 대처하는 법 알려주기

발표를 앞두고 극도로 긴장하는 한 아이가 있다. 손에는 땀이 나고 심장이 두근거리며 얼굴이 붉어진다. 자기효능감이 낮은 아이는 신체적 변화를 자신의 능력이 부족해서 나타나는 현상으로 해석하는 반면, 높은 아이는 신체적 변화를 지극히 정상적이고 자신의 능력과 무관한 것으로 여기고 극복한다. 우리는 이러한 스트레스 상황을 아이가 효과적으로 대처할 수 있도록 '긴장된 상황에서는 누구라도 신체적 증상을 느낀다'라는 이야기를 해줘야 한다.

교실에는 발표를 앞두고 긴장하는 아이가 꽤 많다. "떨려서 못하겠어요."라고 표현하면 그나마 낫다. 고개만 젓고 있거나 꿀 먹은 벙어리 마냥 입 한 번 뻥긋하지 않는 아이도 있다. 이런 아이에게 "한마디만 하면 될 걸, 그 정도도 못 해? 뭐가 떨린다고 그러는 거야?"라는 핀잔 섞인 말은 해서는 안 되는 말이다. 혀를 차거나 실망하는 표정 역시 금물이다. "네가 부족해서 떨리는 게 아니야. 누구나 그럴 수 있어."라고 말해주자.

실제로 남들이 자신을 바라보는 것에 대한 불안감이나 발표 평가에 대한 예민함은 정도만 차이 날 뿐 누구나 느끼는 당연한 감정이다. 이럴 때는 "그래도 해야 해."라고 강요하지 말자. 지나치게 긴장한 채 발표하면 부정적 경험으로 기억되기 쉽기 때문이다. 부정적 발표 경험은 극복하기 어려운 실패 경험으로 저장된다.

"우리 딸이 작은 목소리로도 발표한다면 좋겠지만 다음에 마음이 더 단단해지면 해보자. 괜찮아. 대신 다른 친구들의 발표를 잘 듣고 엄마한테 이야기해 줘."라고 말해주자. 다른 친구들의 발표를 경청하는 것만으로도 충분할 때도 있다. 친구들이 발표하는 장면을 보면서 간접적으로 경험하면 비슷한 상황을 겪어내는 힘을 비축할 수 있다.

그렇다고 이 말이 남들 다 하는 발표를 우리 애는 안 해도 된다는 말은 아니다. "항상 피할 수는 없어. 준비가 덜 된 채 발표해야 하는 날도, 잘 못 해내는 날도 있을 수밖에 없어. 그건 누구나 그런 거야. 하지만 어떤 경험도 다 좋은 거야. 틀린 건 없어."라고 말해주자.

발표하지 않는다고 당장 큰일 나지 않는다. 큰일이 난다면 그건 바로 부모의 실망을 아이가 느낄 때다. '부모는 아이의 마음에 눈높이를 맞추고, 떨릴 수도 긴장할 수도 있음에 공감해야 한다. 긴장하면 누구나 힘들 수 있다며 아이의 마음을 토닥이자.

◇◇◇◇◇◇◇◇◇◇◇ 공허한 칭찬은 안 하느니만 못하다

미국의 정신분석학자 에릭 에릭슨은 "아이들은 공허한 칭찬이나 낮춰보는 식의 격려에 속지 않는다."라고 말한다. 나도 모르게 영혼을 담지 않은 채로 "응, 잘했네."라는 칭찬을 한 적이 있는가? 그때마다 묘하게 흔들리는 아이의 눈빛을 본 적이 있을 것이다. 그렇다. 아이들은 우리가 생각하는 것 이상으로 뉘앙스를 잘 구분해내고, 말 속에 담긴 진짜 의미를 잘 알아챈다.

◎ '잘한다/똑똑하다/대단하다' 같은 칭찬은 완벽해야 한다는 강박을 부른다

EBS 교육대기획 〈학교란 무엇인가〉에서는 칭찬에 관한 다양한 실험을 했다. 그중 한 실험에서는 2학년 아이들에게 단어를 외우게 하고 3분 후에 외운 단어를 칠판에 적어보게 했다. 아이들이 단어를 적을 때마다 교사는 "너 머리 좋구나.", "너 정말 똑똑하구나.", "잘한다.", "대단하다."라는 칭찬을 했다. 얼마 후 교사는 답안지를 책상 위에 둔 채로 교실을 떠난다. 교실에서는 어떤 일이 벌어졌을까?

책상 위에 놓인 답안지와 아이들 사이에 묘한 긴장감이 흘렀다.

그것도 잠시 똑똑하다고 칭찬 세례를 받았던 아이들이 초조해하는 모습을 보인다. 결국 과한 칭찬을 받은 아이들 70% 가량이 답안지를 훔쳐보았다. 교사의 칭찬처럼 '똑똑한 아이'이자 '머리 좋은 아이'로 남아야 했기 때문이다. 반면 단어를 적을 때마다 교사에게 "열심히 했구나.", "최선을 다했구나." 같은 칭찬을 받은 아이들은 부정행위를 하지 않았다.

《마인드셋》의 저자 캐롤 드웩은 재능을 칭찬받는 순간, 우리는 뛰어난 재능을 증명하기 위해 애를 쓴다고 했다. 심지어 부정행위를 해서라도 말이다. 열심히 노력하는 순간 '넌 생각보다 그리 똑똑한 건 아니구나?'라고 사람들이 생각하는 게 두려워 '일을 열심히 하지 않고 차라리 안 좋은 결과를 받아들이는 선택'을 하는 것이다. 그러고는 '저 아이는 정말 머리가 좋은데 열심히 안 해서 그런 거야. 열심히만 하면 잘할 거야'라는 평가를 받길 원한다.

◎ '잘한다/똑똑하다/대단하다' 같은 칭찬은 도전을 피하는 아이로 만든다

이어지는 실험에서 반면 '똑똑하다'거나 '머리가 좋다'는 칭찬을 받은 아이들은 조금 쉬워 보이는 문제를 선택했다. '열심히 노력했구나!' 같은 칭찬을 받은 아이들은 다음 문제를 선택할 때도 조금 어려워 보이는 문제를 선택했다.

똑똑하다고 칭찬했는데 왜 더 쉬운 문제를 선택할까? 앞서 말한 것처럼 시험이나 문제 풀이를 자신의 똑똑함을 증명하고 평가하는 과정으로 받아들이기 때문이다. 문제를 제대로 풀어내지 못하면 머리가 나쁘다는 걸 증명하는 셈이므로 어려운 문제를 선택하는 게 꺼려질 수밖에 없다. 즉 도전을 피하는 것이다.

한 가지 더 주목할 부분도 있다. '똑똑하다' 같은 능력을 칭찬받은 아이들은 시험을 마치고 나서 자신이 몇 등인지, 누구보다 더 잘하는지, 친구들의 등수는 몇 등이고 점수는 몇 점인지 등을 궁금해했다. 관심사가 '자신이 다른 아이들보다 얼마나 더 똑똑한지'에 집중되어 있었다. 반면 노력을 칭찬받은 아이들은 시험을 마치고 나서 문제를 어떻게 풀어야 하는지를 궁금해했다. 그렇다. 우리는 이렇게 칭찬해야 한다.

"우리 아이 수학 천재구나." (X)

"짧은 시간인데도 노력을 많이 했구나." (O)

"풀기 어려웠을 텐데 최선을 다했구나." (O)

진정 어린 관심과 사랑이 잘 전달되고 있다면 굳이 '과한' 칭찬을 할 필요가 없다. 아이의 능력이나 결과물에 비해 넘치는 칭찬은 감동은커녕 의아함을 불러일으킬 수 있으므로 안 하느니만 못하다. "우리 딸, 너무 잘한다."나 "우리 아들, 실력 최고데!" 같이 능력에 초점을 맞춘 칭찬을 하지 말아야 하는 이유다.

◎ '너는 천재구나!' 같은 칭찬은 근성의 불씨를 꺼뜨린다

큰딸이 분모의 크기가 다른 분수의 덧셈과 뺄셈 단원의 연산 문제를 풀고 있었다. 아이는 계산 과정을 눈으로 적당히 풀고 중간 과정을 적지 않은 채 답만 적고 있었다. 생각보다 빠르게 암산을 척척 하는 모습을 보고 있으니 순간 나도 모르게 담임교사로 빙의됐다.

"학생, 중간 과정을 생략하면 어떡하나요? 과정을 잘 알고 있더라도 계산 과정을 꼼꼼히 적도록 해요."라는 말이 입 밖으로 튀어나올 뻔했다. 그런데 '아니다. 열심히 공부하는 딸에게 이러면 안 되지'라며 생각을 고쳐먹고 말을 했는데 그만, "우리 딸, 수학 천재구나!"라고 말하고 말았다. 무심결에 칭찬 아니 실언을 한 거다.

"계산 과정을 꼼꼼히 적어야지." 같은 꼰대 같은 잔소리도 곤란하지만 "천재"라는 칭찬 역시 입 밖에 내선 안 된다. 아이가 계산 과정을 생략할 수 있었던 것도, 암산 속도가 빨라진 것도 매일 두 장씩 스스로 연산 문제집을 풀어왔기 때문이다. 그동안 아이가 쌓아올린 과정은 싹 무시한 채, 수학의 천부적 재능을 가졌다고 말해버리다니 어쩌면 좋단 말인가? 엄마 속도 모르고 아이는 천재라는 말에 한껏 흥이 난 듯보였다. 어깨에 잔뜩 힘이 들어간 아이의 뒤통수에 대고 이런 말을 해봐야 아무 소용이 없다.

나 **“딸아, 그런데 계산 과정을 적어야….”**

딸 **“엄마, 나는 어차피 계산 잘하니깐 과정 같은 건 적을 필요가 없어요. 괜히 손만 아파요.”**

칭찬이 독이 된 순간이다. 많은 문제를 푸는 것보다 한 문제라도 논리적인 과정을 서술하며 답을 도출해내는 것이 훨씬 의미 있는 공부인데, 딸은 빠르게 계산하는 자신의 재능에 만족해했다. 이건 부모인 내가 순항하는 배의 키를 틀어버린 격이다.

내 중학교 시절 담임 선생님의 “너는 머리가 좋은데….”로 시작한 격려의 말도 노력의 불씨를 꺼뜨리는 찬물이었다. 노력보다 재능을 우위에 둔 채 실패의 원인을 단지 노력하지 않았을 뿐이라는 자기합리화만 하게 만들었다. 재능을 칭찬하는 말은 굉장히 위험하다. 결과 위주의 칭찬은 치열한 과정을 의도치 않게 무시하게 된다. 과정은 길고 결과는 순간이다.

◎ 객관적인 사실을 피드백한다

‘잘한다’나 ‘최고다’ 대신 어떤 칭찬을 해야 좋을까? 당장 머릿속에 떠오르지 않을 때도 있다. 이럴 때는 칭찬보다 객관적인 피드백을 해보자. 아이가 수용 가능한 객관적인 피드백이라야 칭찬 효과가 있다.

"그림을 잘 그렸구나." (X)

"친구의 눈동자를 반짝이게 표현했구나." (O)

"나무의 키를 다양하게 표현했구나." (O)

"매일매일 늘고 있구나!" (O)

이처럼 객관적인 사실을 표현하는 것만으로도 충분할 때가 있다. 객관적인 사실에 기초한 피드백은 아이의 행동에 관심을 가졌다는 증거다. 아이는 부모가 자신을 관심 어린 시선으로 관찰해준 것만으로도 기분이 좋아진다. 그것이 곧 긍정적인 강화가 된다. 그러고 나면 아이들은 객관적인 피드백에 대해 스스로 어떤 감정을 느껴야 할지, 어떻게 생각해야 할지 결정한다.

◎ 때로는 칭찬보다 질문이 낫다

공허한 칭찬 대신 질문을 하는 것도 좋다.

"이렇게 눈동자를 반짝이게 표현하는 방법을 알려줄 수 있니?"

"이런 아이디어는 어떻게 떠올리는 거니?"

"그림에 초록색이 많은 걸 보니 가장 좋아하는 색이 초록색이니?"

"네 그림은 최고!" 또는"네 그림 실력은 1등!" 같은 칭찬은 평가하는 인상을 줄 수 있다. 그보다는 객관적인 사실을 언급하거나 질문하여 아이의 반응을 끌어낸다. 아이는 타인에게 좋은 평가를 받기 위해 억지로 활동하지 않고 단지 그것을 즐기며 해야 한다. 박수 소리가 들리지 않으면 앞으로 나아가지 않는 아이가 되지 않도록 말이다.

타인의 시선과 평가에서 자유로운 아이로 자라기를 바란다면 부모는 칭찬의 기술을 익혀야 한다. 물론 그 어떤 좋은 칭찬보다 앞서는 건 마음을 나누는 대화다.

바른 공부 습관을
들이는 힘 2

자율성

'스스로 해보고 싶어지는' 일이 늘어야
내 공부의 주인이 된다

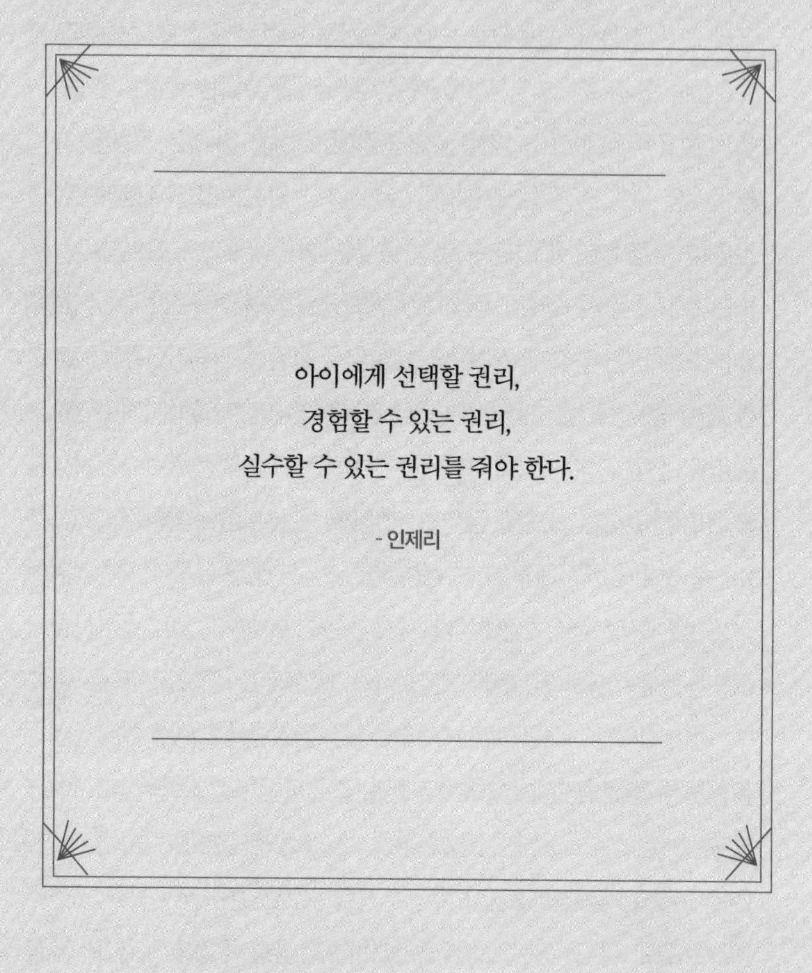

아이에게 선택할 권리,
경험할 수 있는 권리,
실수할 수 있는 권리를 줘야 한다.

- 인제리

말 잘 듣는 아이가 위험하다

말 잘 듣는 윤성이에게 필요한 건 무엇이었을까?

5학년 윤성이가 학원을 마치고 집으로 돌아온다. 가방을 내려놓고 소파에 풀썩 앉는 순간 핸드폰이 울린다. 어떻게 이렇게 정확한 시간에 전화를 하는지 모를 윤성이 엄마다. 사무실이라 그런지 건조한 말투로 윤성이에게 앞으로 할 일을 브리핑한다.

"30분까지 쉬고 나면 연산부터 해. 연산 세 장 풀고 나서 학원 숙제 있지? 문제집 다 풀면 오답 노트하고…. 아 참, 배움 노트는 적어도 과목당 세 줄 이상은 써야 해. 알겠지?"

윤성이는 시킨 대로 하면 스마트폰 게임을 할 수 있다는 확답을 받는다. 엄마는 아들이 시킨 대로 잘하는데, 게임쯤이야 보상으로 적절하다고 생각한다. 윤성이는 스마트폰 게임을 할 수 있다는 생각에 금세 기분이 좋아진다.

"엄마 말 듣기를 잘했지?"

윤성이 엄마도 말 잘 듣는 아들을 보면 흐뭇해진다.

윤성이는 엄마가 정해준 학원을 두 군데 다닌다. 집으로 돌아오면 엄마가 짜놓은 계획대로 움직인다. 엄마는 자신을 위해 항상 옳은 선택만 해주니 믿고 따르기만 하면 된다. 윤성이는 그게 본인의 역할이고 최선이라고 여긴다. 엄마가 시킨 일을 다 하고 나면 게임도 할 수 있다.

자율성은 자신을 스스로 통제하며 원칙을 세워 일을 수행하는 능력이다. 문제는 윤성이가 자율성을 보일 수 있는 유일한 일이 핸드폰 게임이라는 거다. 어떤 미션을 선택할지, 어떤 무기를 사용할지, 누구와 편을 할지, 지금 총을 쏠지 말지 등은 엄마에게 물을 필요가 없다.

게임 활동을 제외한 모든 활동에서는 "어떻게 하나요?", "다 하면 뭐하나요?", "혼자 못하겠어요."라는 말을 자주 한다. 실제로 윤성이는 "이렇게 해라.", "끝나고 나면 이거 해라." 같은 지시를 따른 후에는 다음 지시를 한동안 기다린다. 윤성이가 말을 잘 듣는 아이인 건 맞지만 자율성을 잃은 아이인 것도 분명하다. 지금 윤성이에게 진짜 필요한 건 무엇일까?

◇◇◇◇◇◇◇◇◇◇◇ 완벽한 부모는 아이의 자율성을 해친다

'헬리콥터 맘'은 헬리콥터처럼 자녀 주변을 빙빙 돌며 일일이 챙기고 통제하며 간섭하는 엄마를 비유하는 말이다. 헬리콥터 맘은 학교 성적과 입시 문제는 물론 대학을 보내고서도 수강 신청과 학점 문제에 관여한다. 졸업 후에는 취업에 적극적으로 나서며 급기야 배우자를 알아보는 일이나 선택까지도 간섭한다. 윤성이 엄마의 간섭이 이대로 유지된다면 의도치 않게 헬리콥터 맘의 길로 접어들게 뻔하다.

"넌 엄마가 시키는 대로 하면 돼. 알아서 다 해줄게."

눈에 넣어도 아프지 않을 내 아이, 아직은 서툴다는 핑계로 아이가 할 일을 부모가 대신하고 있지는 않은가? 헬리콥터 맘처럼 과잉보호하는 부모는 아이 문제를 자신이 처리해주며 성취감을 느끼기도 한다. 그리고 그걸 사랑이라 믿는다. 이러한 지극한 사랑은 통제와 간섭으로 변질되기도 한다. 과잉보호를 받고 자란 아이는 어려움을 해결할 능력을 잃어버린다. 모든 요구를 들어주는 것을 넘어 통제와 간섭을 필요 이상으로 받은 아이는 자신의 문제를 매우 소극적으로 바라본다. 게다가 부모에게 의존적인 성향까지 더해지면 바깥세상에서 더 쉽게 고립된다.

윤성이 이야기로 돌아가보자. 윤성이는 평소 엄마에게 심한 의존성을 보였다. 엄마가 시키는 대로만 하고, 시키지 않으면 아예 아무것도 하지 않았다. 윤성이 엄마는 학부모 상담에서 윤성이를 순종적이고 착한 아들이라고 표현했고 핸드폰 게임만 줄이면 완벽할 거라고 말했다. 정말 핸드폰 게임만 줄이면 완벽할까? 윤성이는 핸드폰 게임 사용 시간 조절보다 의존적인 태도부터 고쳐나가야 한다.

의존성이 강한 아이는 학교생활도 순탄하지 않다. 모둠 활동에서도 자기 의견을 내세우지 못하고 친구들이 시키는 대로 하기 일쑤다. 학습 활동을 할 때도 매번 뭘 해야 하는지, 어떻게 해야 하는지 물어본다. 큰 말썽을 피우는 게 아니라 놓치기 쉬운데, 이 정도라면 심각하게 바라봐야 한다. 시키는 대로 곧잘 하는 걸 칭찬하기보다 할 일을 스스로 찾아 해나가는 걸 칭찬해야 한다. 학원 선택도, 학원 이후의 일정도 직접 계획을 세워보고 실천할 줄 알아야 한다. 부모는 자녀가 계획을 세우고 실천하는 과정에서 믿고 격려하는 역할을 해야 한다.

'부모는 위대하다'라는 말은 부모가 완벽해서가 아니라 노력하기 때문에 탄생한 말이다. 부모는 어떤 상황에서도 자녀를 포기하지 않는다. 완벽하지는 않더라도 최선을 다하는 게 부모다. 인생을 마라톤에 비유하는 경우가 많다. 긴 마라톤 여정에 아이를 유아차에 태워 갈 순 없다. 부모의 역할은 아이가 지치지 않고 끝까지 뛸 수 있도록 함께 뛰는 페이스메이커의 역할까지만이라는 사실을 명심하자.

엄마에게 모두 다 해달라는 아이

저학년 담임, 특히 1학년 담임을 맡으면 3월에는 아이들과 함께 밖으로 나와 하교 지도를 한다. 그 덕에 아이를 기다리는 부모들을 쉽게 만날 수 있다. 아이를 맞이하는 부모의 모습은 각기 다른데, 그중 눈에 띄는 부모가 있다. 아이가 나오자마자 책가방 지퍼를 열어 보는 부모다. 주로 알림장을 보거나 그날 학습한 결과물을 살펴본다.

가정에서 아이를 맞이하거나 퇴근 후에 아이를 만나는 경우도 마찬가지다. 거실에 뒹구는 아이 책가방을 누가 먼저 여는가? 가방 안에 들어 있던 개인 물통과 수저통, 알림장이나 가정통신문을 누가 꺼내는가? 책가방, 알림장, 물통, 수저통은 하나의 예시일 뿐이다. 물건이 아니라 일의 주체가 누구냐가 핵심이다.

자율성은 아이가 자기 일을 스스로 선택하는 기회를 많이 가지고, 많이 결정해보는 경험을 통해 키워지는 능력이다. 그런데 자신의 일과 부모의 일을 구분하지 못하는 게 문제의 시작이다. 아이가 저학년일 때는 크고 작은 일에 부모가 도움을 줄 수 있다. 하지만 중학년 이후에도 여전히 제 스스로 할 줄 아는 게 없는 아이들이 많다 게 문제다. 그제야 "아이가 도통 스스로 못 챙겨요.", "하나하나 엄마가 챙겨줘야 해요.", "우리 집 애는 손이 많이 가요. 선생님 다른 애들은 어떤가요?"라고 걱정을 늘어놓는다. 아이가 왜 스스로 아무

것도 하지 않는지 되돌아봐야 한다.

자율성은 가만히 두면 저절로 키워지는 능력이 아니다. 중학년이 되었다고 갑자기 스스로 잘할 수 있는 능력이 생기는 것도 아니다. 아이가 공부를 비롯한 모든 행위를 능동적이고 주체적으로 하게 하려면 방법을 가르쳐야 한다. 아이는 손가락 하나 까닥하지 않고 부모가 아이 책가방 지퍼를 열어서 설거지할 것들을 꺼내고, 알림장과 안내장을 확인하면, 아이는 이러한 일을 누구의 몫으로 여길까? 당연히 부모가 할 일이라고 여긴다.

부모가 아이에게 "책가방 정리해야지.", "수저통 꺼내야지."라고 알려주지만, 아이가 빠릿빠릿하게 움직이지 않는 경우도 있다. 당연하다. 부모가 말하자마자 1초의 머뭇거림도 없이 행동하는 아이는 없다. 이럴 때 그냥 넘어가거나 답답해서 부모가 대신 해버리면 결국 아이의 일은 또 부모의 일이 돼버린다.

스스로 하는 아이로 키우기 위해서 아무것도 일러주지 않고 혼자 하게 내버려두는 경우도 있다. 1학년 담임을 할 때였다. 굉장히 해맑고 착한 아이였지만 숙제도, 준비물도, 회신용 안내장도 자주 빠뜨리고 안 챙겨오는 아이가 있었다. 입학하고 한참 지나도 마찬가지였다. 한두 번 실수가 아니기에 대책이 필요했다. 용기를 내 아이의 부모님에게 전화를 걸었다. 부모님은 그건 자기가 알아서 할 일인데 본인이 못 챙기면 어쩔 수 없는 거라고 말씀하셨다.

틀린 말이 아니다. 숙제도, 준비물도, 회신용 안내장도 아이의 일인 건 맞다. 하지만 중간에 빠진 게 하나 있다. 바로 방법을 몸으로 익히는 과정이 생략돼 아이가 제 일을 제 일로 받아들이지 못하고 있다는 것이다.

◇◇◇◇◇◇◇◇◇◇◇◇ 스스로 하는 방법을 모르는 아이

진혁이 방에 들어선 엄마는 잠시 할 말을 잃는다. 방바닥에는 벗어놓은 옷가지가 나뒹굴고, 책상 위는 책 한 권 펼칠 자리가 없다.

"엄마가 아무 데나 옷 벗어놓지 말라고 했지? 책상은 이게 뭐니? 돼지우리가 따로 없네. 숙제는 했니?"

잠시 뒤, 진혁이 엄마는 다시 아이의 방문을 열었다. 진혁이의 옷가지는 침대 위로 자리를 옮겼고, 책상 위에 펼쳐졌던 물건들은 피사의 사탑처럼 한쪽 구석에 아슬아슬하게 쌓여 있다.

◎ 구체적이고 정확한 지시어로 방법 알려주기

진혁이가 말귀를 못 알아들었을까? 결코 아닐 것이다. 구체적인 방법을 듣지 못했을 뿐이다. 부모는 정확한 지시어를 사용해서 아이가 알아들을 수 있도록 설명해야 한다. "옷은 아무 데나 벗어놓지 마."라고 말하면 옷을 정리할 구체적인 장소가 명확하지 않다. 진혁이는 엄마 말대로 다른 곳에 정리했는데 또다시 잔소리를 들으면 불만이 생길 수 있다. 지시를 내릴 때는 아이가 이해할 수 있는 말로 최대한 정확하게 말해야 한다.

"벗은 옷은 옷걸이에 걸어두자. 혹시 더러워져서 빨아야 하면 빨래 통에 넣자. 한 번 해볼까?"

"책상 위 물건 중 쓰레기를 먼저 치우면 정리하기 쉬워. 책은 책꽂이에 종류별로 꽂아보자."

부모가 정확하게 말해야 아이도 정확하게 행동한다. 그거, 이거, 여기, 저기와 같은 대명사나 이렇게, 저렇게 같은 모호한 표현은 아이를 헷갈리게 한다. 혹시 그런 표현을 쓰고 있다면 정확한 용어로 바꿔보자. 아이들은 하기 싫어서 안하는 것보다 몰라서 못 하는 게 더 많다.

◎ 한 번에 한 가지씩 알려주기

방법을 알려줄 때 한 가지 더 기억할 게 있다. 여러 가지를 한꺼번에 말하면 도움이 되지 않는다. 아이들은 멀티플레이어가 아니다. 한 번에 하나씩 해결한 뒤에 다음 할 일을 할 수 있도록 알려줘야 한다. 옷 정리, 책상 정리, 숙제하기를 한꺼번에 말하면 한두 개를 할까 말까다.

◎ 짧은 말로 방법 알려주기

충분히 설명을 듣고 몸으로 직접 연습해보는 과정이 여러 차례 반복해서 익숙해지면, 그때부터는 군더더기를 없애고 핵심 단어를 나열하는 전보식 언어telegraphic speech를 사용하는 게 좋다.

"얼른 옷 치워. 책상도 엉망이네. 어서 정리하자. 방이 깨끗해져야 기분도 좋아지고, 그래야 공부에 집중할 수 있어."와 같은 설명은 이미 충분히 들었을 것이다. 보통 지시문은 길어지면 질수록 잔소리처럼 들린다. 이미 여러 번 들은 말인 경우는 더하다. 그럴 땐 오히려 "정리하자."나 "정리."라고 짧고 명료하게 표현하는 게 훨씬 전달이 잘 되고 아이를 움직이게 만든다.

◎ 불필요한 말은 하지 않기

"엄마가 아무 데나 옷 벗어놓지 말라고 했지? 책상은 이게 뭐니? 돼지우리가 따로 없네. 숙제는 했니?"라는 진혁이 엄마의 말에서 불필요한 말 1순위는 무엇일까? 바로 '돼지우리가 따로 없네.'다. 이 말을 들은 진혁이의 기분은 어떨까?

부모가 자꾸 아이에게 모욕감이나 수치심을 느끼게 하는 말을 사용하면, 가장 솔직해야 하는 둘 사이에 가식의 벽이 생길 수 있다. 부모에게 비난받을까 봐 두렵기 때문이다. 부족한 부분은 일상생활에서 불편하지 않을 정도로 조금씩 고치면 된다. 아이가 자신을 돼지로, 자기 방을 돼지우리로 여기지 않도록 말이다.

그동안 부모가 아이가 할 일을 대신해줬다면 지금부터라도 조금씩 아이가 직접 해볼 수 있도록 다양한 학습 기회를 제공해야 한다. 혼자 하도록 내버려뒀던 경우도 마찬가지다. 구체적인 방법을 알려준 뒤 더 많이 해볼 수 있도록 기회를 넓혀줘야 한다.

"학교에 다녀오면 먼저 가방을 이렇게 열어서 물통과 수저통은 설거지통에 넣는 거야. 한 번 해볼까?"

"알림장과 안내장은 펴서 엄마, 아빠에게 꼭 보여줘. 이렇게 말이지."

"내일 준비물은 미리 챙겨서 가방에 예쁘게 넣어볼까?"

"가방에 불필요한 물건은 없는지 살펴볼래? 버려야 될 게 있으면 버리자."

직접 해주거나 언젠가는 하려니 지켜보기보다는 한동안 반복해서 직접 해볼 수 있도록 이끌어야 한다. 그렇게 직접 해버릇하면 언젠가는 습관으로 잡힌다. 습관으로 자리 잡을 수 있도록 부모는 칭찬하고 독려해야 한다는 사실을 잊지 말자. 부모의 칭찬과 독려는 아이의 자율성을 키우는 첫 단추다.

결국 언젠가는 아이가 스스로 커야 한다

사소한 것도 허락을 구하는 아이

어느 날 딸아이가 "엄마, 나 화장실 가도 돼요?"라고 물었다. 나는 "엄마가 가지 말라고 하면 참을 거야?"라고 되물었다. 순간 아이도 화장실 가는 것조차 허락을 구하는 자신이 우습게 느껴졌는지 멋쩍게 웃고는 화장실로 향했다. 아이들을 자율적으로 키운다고 호언장담했던 나조차 사랑이라는 이름으로 간섭하고 구속했던 게 아닌지 되돌아보게 되었다.

학교에서도 사소한 일에 허락을 구하는 아이들이 많다. "선생님, 물 마셔도 돼요?", "선생님, 파란색 써도 돼요?", "선생님, 다시 그려도 돼요?" 수시로 허락을 구하는 아이라면, 자신이 선택한 행동에 비난을 받았거나 혼이 난 경험이 있어서일 수 있다. 이런 경험이 쌓이면 아이는 선택을 타인에게 돌려 자신이 받을 수 있는 비난을 벗어나려 한다. 실패하는 게 두려워 피하려 하거나 지나치게 통제된 상황에서 자라서일 수도 있다. 아이가 자신을 믿지 못해 선택이나 결정을 하지 못하고 부모를 비롯한 타인에게 지나치게 의존적이라면, 그동안 부모가 아이의 선택과 의견을 존중하지 않았던 게 아닌지 돌이켜봐야 한다.

"네가 선택하는 거라면 다 괜찮아." 위험한 행동이나 타인에게 피해를 주는 행동이 아니라면 언제든 괜찮다고 말하고 믿어주자.

◎ 대신해 주기 vs 도와주기

1학년 수학 비교하기 단원용 원격수업 자료를 만들 때였다. 수학 동화 영상을 만드는데 아이 목소리를 담아야 해서 작은딸에게 도움을 받아 녹음하고 있었다.

"높이 있는 스위치는 오빠가 끄고, 낮게 있는 꼬마전등은 콜린이 켜."

"높이 있는 스위치, 내가 끌래."

"너한테는 너무 높잖아. 네가 자라서 오빠처럼 커지면 끄자."

작은딸은 녹음을 마친 후 의아해하며 물었다.

"엄마, 높이 있는 스위치는 조금만 도와주면 콜린도 끌 수 있을 것 같은데, 키가 더 자라면 하라는 게 이상해요."

동화책 주제가 큰 것과 작은 것, 높은 것과 낮은 것과 같은 비교하기라 크게 신경 쓰지 않았던 부분인데, 작은딸의 말에 머리를 한 대 얻어맞은 기분이었다. 아이의 말처럼 스위치를 켜고 끄는 건 키가 더 자라기를 기다렸다 할 수 있는 일이 아니다. 엄마의 친절하고 다정한 말에 콜린은 금방 풀이 죽어 자신의 능력 밖의 일이라 체념했을 것이다. 스스로 해보고자 하는 마음을 엄마가 의도치 않게 꺾은 셈이다.

까치발을 들더라도 손이 닿지 않는다면 아이의 능력 밖일 수도 있다. 하지만 도전할 수 있도록 도와줘야 한다. "넌 키가 작으니까 안 돼, 엄마가 대신해 줄게."라고 말하는 대신, "엄마가 도와줄까?" 라고 말한 후 아이를 번쩍 들어 올려 아이가 스위치를 끌 수 있도록 도와야 한다. 물론 부모의 노력과 에너지가 필요한 일이다. 하지만 아이가 스스로 할 수 있도록 적당한 도움을 주는 것은 성취 경험을 늘릴 수 있는 좋은 방법이다. 8할이 엄마의 노력과 에너지 덕일지라도 말이다.

아이 능력으로는 하기 힘든 일이거나 위험해 보이는 일이라면 대신 해주거나 금지하기보다 대안이나 해결책을 슬쩍 던져주는 게 좋다. 까치발을 해도 스위치가 손에 닿지 않는다면 발판을 쓰면 좋다고 슬쩍 알려주는 식으로 말이다. 그러면 아이를 번쩍 들어 올려 직접적인 도움을 줬던 엄마의 공 8할이 아이의 공 8할로 옮겨간다. 아이들은 스스로 한 만큼 더 뿌듯해한다.

◇◇◇◇◇◇◇◇◇◇◇ 자기 결정대로 하려고 떼쓰는 아이

무슨 일이든 자기 뜻대로 하려고 떼를 쓰는 아이가 있다. 자기 생각을 정확하게 표현하고 자기주장을 펼치는 건 좋지만, 그걸 넘어 제멋대로 행동하는 걸 자율성과 혼동해선 곤란하다.

◎ 제한적인 자율성 주기

자율성을 줄 때 주의할 점이 있다. 합리적인 선택과 결정이 어려운 어린아이라면 선택지에 한계를 둬야 한다. 부모가 몇 가지 선택지를 제공하고, 아이가 그 안에서 자유롭게 선택하도록 하는 것이다. 그런데 언제나 선택지를 제공해야 할까? 예를 들면, 아이가 오늘 해야 할 숙제와 공부를 하지 않고 온종일 놀겠다고 한다. 이럴 때 아이에게 어디까지 자율권을 줘야 할까?

아이도 '반드시 해야 할 일에는 선택권이 없다'는 걸 알아야 한다. 숙제는 해도 되고 안 해도 되는 선택 가능한 항목이 아니다. 해야 하는 일이라면 일의 순서나 방법을 선택할 수 있을 뿐이다. 이것이 제한적인 자율성이다. 제한적인 자율성은 울타리를 쳐두는 것과 같다. 물론 아이가 자랄수록 울타리를 넓혀주듯 선택지도 넓혀줘야 한다. 어른으로 성장하면 더 이상의 선택지가 필요 없도록 말이다.

◎ 일관성 있는 규율 제시하기

자율과 자유는 다른 개념이다. 아이에게 한없이 자유만 주는 건 방임에 가깝다. 반대로 하나하나 간섭하고 제한을 두는 건 통제에 가깝다. 부모는 방임도 통제도 아닌, 적정 수준의 자율성을 아이에게 심어줘야 한다. 자율성을 키운다는 명목으로 방임하지 않아야 하며, 지켜야 할 규율은 인지할 수 있도록 도와야 한다.

"엄마, 유튜브 30분만 더 보면 안 돼?"

"안 돼, 하루에 30분 이상 유튜브 안 보기로 했잖아."

혹시 영상 시청 시간을 서로 정했음에도 식당에서 아이를 조용히 시키기 위해, 모임에 따라온 아이가 옆에서 심심할까 봐, 집안일이 바빠 놀아줄 수 없어서 등의 이유로 부모가 먼저 함께 정한 규칙을 깬 적이 있지 않은가?

"'오늘만' 유튜브 더 볼 수 있는 거야."라며 아이 손에 핸드폰을 쥐어준 적이 있지 않은가? 규율은 부모의 기분과 상황에 따라 달라지지 않도록 유의해야 한다. 일관성이 유지되는 환경 속에서 키워지는 것이 자율성이다. 적절한 규율 속에서 자라지 못한 아이는 자신을 통제하는 능력을 키우기 어렵다.

◇◇◇◇◇◇◇◇◇◇◇ 시키는 건 다 하기 싫다는 아이

1학년 세린이가 학교를 마치고 집으로 돌아왔다. 책가방을 열더니 갑자기 투덜거린다.

"엄마, 이런 건 엄마가 해주면 안 돼? 무조건 내가 해야 하는 거야?"

책가방에서 수저통과 물통을 꺼내는 손이 꽤나 거칠고 신경질적이다.

"이건 네가 할 일이야."

엄마는 단호하게 할 일의 주체를 알려주지만, 세린이의 표정과 행동에는 여전히 불만이 차있다.

세린이가 할 일을 안 하려고 하는 건 '힘들어서'가 아니라 '시켜서'다. 수저통과 물통을 싱크대에 넣는 건 어려운 일도 그렇다고 힘든 일도 아니다. 그런데도 하기 싫은 건 엄마가 시켜서다. 시켜서 하는 일은 누구라도 하기 싫다. 본능 중 하나인 자유의지 때문이다.

아이가 하기 싫어하는 일이라도 언제까지 부모가 대신 해줄 순 없다. 그렇다고 "네 일이니깐 무조건 네가 해."라고 1학년 아이를 밀어붙이는 것도 영 내키지 않는다. 이럴 땐 어떻게 말해야 할까?

◎ 하고 싶게 만드는 말 세 가지

'인간의 동기는 자신의 의지로 행동을 결정하는가에 달려 있다.' 로체스터대 심리학과 교수인 에드워드 데시가 말한 자기결정성 이론self-determination theory이다. 인간은 동기가 있어야 목표를 세우고, 목표를 이루려는 실천 의지도 생긴다. 인간의 행동을 움직이는 가장 강력한 에너지가 동기인 셈이다. 자기결정성 이론에서는 동기를 높이는 욕구로 유능성, 관계성, 자율성을 꼽는다. 시키는 건 다 하기 싫다는 아이에게는 이 세 가지 욕구를 자극하며 말하는 게 도움이 된다.

① 유능성을 자극하는 말하기

유능성은 자신에게는 어떤 일을 잘할 수 있는 능력이 있다고 믿는 것이다. 앞서 말한 자기효능감과 같은 개념이다. 잘하고 있는 행동을 관찰해서 긍정적인 피드백을 하면 유능성을 자극할 수 있다.

"이만큼이나 자라서 수저통과 물통도 싱크대에 넣을 수 있다니! 매일매일 할 수 있는 일이 는다는 건 네가 잘 자라고 있다는 증거란다."

② 관계성을 자극하는 말하기

관계성은 타인으로부터 격려를 받거나 긍정적 피드백을 받았을 때 그 행동을 더 많이, 더 열심히 하고 싶어지는 것이다. 사회적 관계는 동기를 불러일으키는 데 매우 큰 영향을 미친다. 그럼에도 부모들은 아이들과 말할 때 너무나 당연한 사실을 잊곤 한다. 진부해 보이지만 긍정적인 피드백만큼 동기를 높일 수 있는 것도 없다.

"네가 엄마가 하던 일을 도와주니 집안일이 한결 수월하다. 우린 정말 멋진 팀이었어. 고마워."

③ 자율성을 자극하는 말하기

구글에는 근무시간 중 20%를 자기가 하고 싶은 일을 하는데 쓸 수 있도록 허용한다. 이렇게 직원에게 자율성이 주어지자 동기가 올라가 생산성이 오히려 높아졌다고 한다. 구글에서 나온 히트 상품 대부분이 '20% 시간 정책'에서 시작되었다고 해도 과언이 아닐 정도다.

당장 우리도 남이 시켜서 하는 일보다 내가 하고 싶은 일을 할 때 더 즐겁고 의욕이 생기지 않는가? 아이에게 무조건 하라고 시키기보다는 선택지를 주고 자유롭게 골라보게 하는 게 아이를 움직이게 만든다는 걸 기억하자.

"집안일은 함께 도와야 한단다. 여러 집안일 중에 네가 도와줄 수 있는 일은 무엇이 있을까?"

"직접 설거지하는 건 아직 힘들 것 같아요. 대신 설거지해야 할 그릇이나 제 물통은 싱크대로 옮길 수 있어요."

"그럼 그 정도 일은 도울 수 있겠니?"

"네, 그것쯤이야 물론이죠."

◇◇◇◇◇◇◇◇◇◇◇◇ 스스로 하지 않고 시켜야 하는 아이

세상 누구도 지시받는 걸 좋아하지 않는다. 그건 아이들도 마찬가지다. "어서 씻고 챙겨.", "지금 당장 숙제해야지." 같은 말에 아이는 반응하지 않는다. 하지만 아이들은 지시받는 걸 싫어하면서 정작 알아서 하지는 않는다. 그 모습을 보고 있자니 부모 가슴에는 천불이 난다. 아이와 함께 집에 있으면 지시할 일이 많아도 너무 많다. 하나부터 열까지 따라다니며 말하다간 부모도 진이 빠지고 듣는 아이도 넋이 나간다.

아이의 자율성을 아무리 존중한다고 해도 막상 아이를 키워보면 부모가 개입해야 하는 상황이 자주 생긴다. 스스로 알아서 하는 아이라면 더없이 좋겠지만 처음부터 모든 일을 스스로 하는 아이는 없다. 평범한 아이라면 시켜야 움직인다. "숙제 안 하니? 지금 당장 숙제부터 해!"라는 말을 안 하고 넘어간 날이 없을 정도로 말이다. 이런 아이에게는 부모가 어떻게 말해줘야 할까?

◎ 의문형으로 말하기

"언제 숙제 할까?", "언제 나갈까?", "어디서 공부할까?", "무슨 옷을 입을까?", "무슨 책을 읽을까?", "어떻게 만들까?"처럼 '언제, 어디서, 무엇을, 어떻게'와 같은 의문사를 붙이면 열린 질문이 된다. 열린 질문을 받은 아이들은 자신이 존중받는다고 느낀다.

"빠뜨린 준비물 없이 잘 챙기고 숙제해!"보다 "혹시 내일 챙겨야 할 준비물이나 숙제가 있어? 엄마가 도와줄 게 있니?"라고 물어보자. 아이들은 자연스럽게 내일 챙겨야 할 준비물과 해야 할 숙제를 떠올린다. 그것도 기분 좋게 말이다.

"예설아, 내일 입을 옷 미리 골라놔야 아침에 허둥거리지 않잖아!" (X)

"엄마는 내일 뭐 입지? 음…. 예설아, 너는 내일 뭐 입을 거니?" (O)

부모가 옷을 미리 정해두라고 지시하지 않아도 아이는 내일 무엇을 입을지 고민하고 선택할 것이다.

부모 **"내일 아침에 엄마가 밥 차리기 전까지 시간이 남잖아. 엄마는 아침에 이 책을 조금 더 읽어봐야겠어. 예설이 너는 뭐할 거야?"**

아이 **"음…. 저는 연산 문제집을 푼 뒤에 어제 쓴 일기를 다시 읽어보고 고칠 게 있으면 고쳐 쓸 거예요."**

어떤 아이라도 자기 생각은 있다. 아이가 자기 생각을 편하게 말하고 행동할 수 있는 환경을 만드는 건 부모의 몫이다. 자기 생각을 자기 입으로 말하는 횟수가 늘수록 더 자주 선뜻 움직인다.

◎ 어떤 선택이든 존중하기

자율성은 선택권을 주는 것에서 시작된다. "네가 선택해도 괜찮아.", "어떤 선택이라도 존중할게."라고 말할 수 있어야 한다. 아이가 틀린 선택을 할 수 있다. 그래도 때로는 맡겨야 한다. 부모가 틀린 걸 고쳐서 알게 하는 것보다 경험해서 스스로 알게 해야 다음 선택을 할 때 좀 더 신중하게 선택하고, 그렇게 반복해서 하다 보면 좀 더 나은 선택을 할 수 있다.

아이가 잘못된 선택을 할 때마다 부모가 고치려들면 아이는 신중하게 고민해서 선택할 필요가 없다고 여긴다. 어차피 바뀔 결정을 굳이 애써 고민하며 할 사람은 없다. 부모가 의문형 질문으로 선택권을 아이에게 넘겼다면 탐탁찮은 대답이라도 존중하자.

◎ 작은 일부터 선택할 기회 주기

그렇다면 아이가 스스로 선택할 수 있는 일에는 무엇이 있을까? 예를 들어 "채소 좀 먹어."라는 말은 선택권이 없는 지시형 문장이다. 채소를 꼭 먹여야 한다면 여러 채소 중에서 아이가 고를 수 있도록 한다. "시금치, 오이, 당근 중에서 어떤 채소를 먹을래?"처럼 채소라는 몇 가지 선택지를 제공하면 아이는 자신이 상황을 통제할 수 있다고 여긴다.

또 기상 시간이나 취침 시간처럼 지켜야 할 규칙을 아이 스스로 정하게 해도 좋다. TV를 보거나 게임을 할 때도 제한 시간을 스스로 정하게 하면 좋다. "30분만 보고 TV 꺼야 해." 같은 지시형 문장을 어떻게 바꿀 수 있을까?

부모 **"TV는 몇 시까지 보는 게 좋을까?"**

아이 **"한 시간만 볼게요."**

부모 **"한 시간 동안 보면 잠잘 시간을 한참 넘길 것 같은데?"**

아이 **"그럼 30분만 볼게요."**

아이 스스로 선택하는 순간 아이가 결정권자가 되므로 다음 단계인 실천의 주체도 아이가 된다. 자신이 선택하고 결정한 일을 할 때는 책임감과 즐거움은 물론 몰입도도 높아진다. 공부든 일이든 그렇게 해야 잘할 수 있다.

자기 마음대로 옷을 입겠다는 아이

1학년 담임을 할 때 엘사 드레스를 입고 학교에 온 아이가 있었다. 특별한 날도 아니었는데 말이다. 엄마가 아이를 통해 보낸 편지에는 도저히 고집을 꺾지 않아 그냥 입고 가도록 놔뒀다는 내용이 적혀 있었다.

옷으로 아침마다 실랑이를 한다는 부모들의 하소연을 자주 듣는다. 그럴 때마다 나는 엘사 드레스도 괜찮고, 스파이더맨 복장도 괜찮다고 말한다. 지나치게 계절에 맞지 않는 옷만 아니라면 뭐든 괜찮다. 불편한 옷도, 조금 덥거나 추운 옷을 입는 것도 아이 결정이다. 이 옷이 학교에 입고 오기엔 부적절했다는 걸 아이가 직접 느끼면 그만이다.

아이들은 엘사 드레스를 입고 온 친구에게 지나치리만큼 관심을 보였고, 그중 몇은 놀라기도 했다. 아이는 예상을 뛰어넘는 넘치는 반응에 당황하면서도 조금은 신나 했다. 하지만 그것도 잠시 몸을 움직일 때마다 옷이 걸리적거리니 자꾸 눈살을 찌푸렸다.

나는 하교하는 아이에게 "정말 예쁜 드레스지만 학교에서 공부할 때는 불편하니 다음에는 편한 옷으로 입고 오자."라고 조언을 했다. 그 아이는 이후로 두 번 다시 엘사 드레스를 입고 등교하지 않았다. 정말 얼어 죽거나 더워 죽을 법한 옷차림이 아니라면 아이가 선택한 옷을 눈 딱 감고 인정하고, 선택에 대한 옳고 그름의 판단은 아이에게 맡기자.

부모 **"오늘 드레스를 입고 가니 어땠어?"**

아이 **"선생님이 편한 옷 입고 오라고 하셨어. 선생님과 친구들이 예쁘다고 해서 잠깐 좋았는데, 수업 시간 내내 너무 불편했어. 게다가 급식 받는데 언니 오빠들이 자꾸 쳐다봐서 별로였어."**

부모 **"그랬구나. 그럼 학교에 갈 땐 어떤 옷차림이 좋을까?"**

아이 **“그냥 편한 옷 입고 갈래. 드레스는 집에서 입지 뭐.”**

더 나은 선택과 더 좋은 결과에 이르는 데에는 시간이 필요하다. 세상에 단번에 잘 되는 일은 없다. 원하는 결과를 얻기 위해서는 시행착오를 겪어야 한다. 결정에 대한 책임은 아이에게 있다.

그런데 아이에게 선택권을 자주, 많이 줄수록 자율성이 높아진다는 걸 알면서도 부모는 왜 행동으로 옮기지 못할까? 아이를 사랑하기 때문이다. 더 좋은 선택이 눈에 뻔히 보이는데 다른 선택을 하면 아이가 힘들어질 수 있다고 여겨서다. 아이가 엉뚱한 선택을 해서 실패하거나 문제가 생길까 하는 염려와 걱정 때문이다. 하지만 이런 걱정은 그만큼 아이를 덜 믿고 있다는 반증이다.

한없이 어리고 서툴고 부족해 보이는 아이를 믿는 게 결코 쉬운 일은 아니다. 아이를 시행착오 없이 지름길로 내달리게 하고 싶은 게 부모 마음이라는 것도 잘 안다. 그럼에도 믿고 기다려야 한다. 아이들은 어리숙한 선택과 행동을 하는 와중에도 배운다는 걸 기억하자. 조금 더 편한 선택과 행동을 할 때보다 오히려 더 많은 걸 배울 때도 있다는 걸 기억하자. 그게 아이들이다. 그러니 믿고 기다리자. 믿음이 있어야 선택권도 줄 수 있다.

“잘할 거야, 실수하면 어때? 다시 하면 되지.”

자율성이 자기주도학습을 이끈다

디지털 시대야말로 자율성이 핵심이다

구글, 페이스북, 아마존, 넷플릭스 같은 글로벌 기업은 각자 하는 일에 의사결정권과 책임을 넘겨 업무를 처리하게 한다. 당연히 업무 성과에 따라 개인마다 인센티브가 달라진다. 의사결정 과정이 짧아진 덕에 업무 진행 속도를 올릴 수 있어 사회 변화에 더 빠르게 대응할 수 있다.

아이 스스로 의사결정을 하고 업무를 처리하는 데 필요한 최적의 능력은 자율성이다. 자율성은 갈등과 고민의 시간을 줄이고 변화를 빠르게 실행할 수 있도록 도와준다. 변화의 흐름은 거스를 수 없기에 변화를 빠르게 수용하고 대처하는 게 좋다. 속도가 생명인

디지털 시대에 발맞추려면, 스스로 계획하고 결정하며 실행할 수 있는 자율성이 절실히 필요하다. 아이들의 자율성에 더 관심을 기울여야 하는 이유다.

◇◇◇◇◇◇◇◇◇◇◇◇ 이제는 엄마 주도에서 벗어나야 한다

자율성 높은 아이로 기르기 위해 첫 번째로 할 일은 부모가 아이를 주도하지 않는 것이다. 엄마의 '기획' 속에 사는 아이는 자신의 힘으로는 아무것도 할 수 없다고 여긴다. 시키는 대로만 하면 된다고 느끼는 순간 하고 싶은 게 뭔지조차 잃어버린다.

부모 말은 잘 듣지만 스스로 아무것도 하지 못하는 어른으로 아이가 자라길 바라는 부모는 없다. 그러니 지금부터 천천히 아이에게 주도권을 넘기는 연습을 해야 한다. 스스로 결정하고 실행해서 얻은 결과가 언제나 긍정적일 순 없다. 안 해본 일을 처음부터 잘할 수 있는 사람은 없다. 그렇기에 잦은 실패가 따를 수밖에 없다. 그럼에도 아이들은 그걸 만들어내는 과정에서 많은 걸 배운다. 직접 해보지 않으면 결코 배울 수 없는 것들 말이다.

시행착오를 거듭하면서 더 나은 방법을 궁리하고 찾아낼 것이다. 또한 결정을 내릴 때는 더 주도면밀하게 따져보고, 결과를 예상하며 계획을 세우는 능력도 기를 것이다. 설령 신중하게 결정하고 실행했음에도 실패라는 결과가 따라올 수 있고, 그 또한 아이 책임이다. 선택도, 책임도, 아이의 몫으로 남겨두자.

자기주도학습도 마찬가지다. 무작정 시간을 주고, 문제집 사준 뒤 혼자 공부하라고 해선 절대로 효과적으로 공부할 수 없다. 자율성이라는 바탕이 다져져야 자기주도학습도 가능하다.

◇◇◇◇◇◇◇◇◇◇◇ 공부 주도권 이전 로드맵이 필요하다

'자기주도학습'을 떠올리면 아이 혼자 책상에 앉아 공부하는 모습이 그려진다. 오해다. 자기주도학습은 공부 방법을 익힐 수 있도록 부모가 돕는 데서 출발한다. 알아서 공부하라는 말은 자율성을 빙자한 방임이다. 아이가 스스로 공부하는 습관이 자리 잡힐 때까지 훌륭한 코치, 즉 부모가 함께해야 한다.

◎ 1단계: 공부를 해야 하는 이유 설명하기

마지못해 하는 수동적 학습은 공부를 지속시킬 수 없고, 좋은 학습 결과를 얻을 수도 없다. 재미있어서 공부하거나, 목적이 뚜렷한 공부를 하는 아이도 있겠지만 극히 드물다. 안타깝게도 보통 아이들은 시키니까, 숙제니까, 어쩔 수 없이 하는 것이 공부다.

"공부를 왜 해야 해요?" 공부를 왜 해야 하는지 궁금해서 묻는 말처럼 들리는가? 아니다. 공부가 하기 싫다는 속내를 감추고 돌려서 하는 말이다. "커서 훌륭한 사람이 되려면 지금 공부를 열심히 해야 해."와 같은 두리뭉실한 말은 초등 아이가 받아들이기엔 지나치게 추상적이다. 학생은 무조건 공부를 해야 한다는 당위성만 주장하기에도 설득력이 떨어진다.

자신이 필요해서 하는 공부로 받아들이게 할 수는 없을까? 공학 박사가 꿈이든, 평범한 회사원이 꿈이든, 어떤 일이든 일단 하려고 하면 그 일을 할 수 있는 능력을 배우고 익혀야 한다. 배우고 익히고 갈고 닦으려면 학습 능력이 필요하다. 무슨 일을 하든 마찬가지다. 사회에 나가서 미적분을 써먹을 일은 극히 드물지만, 미적분을 이해하기 위해 공부하는 동안에 학습 능력이 향상된다. 새로운 정보를 습득하고 해석하며 활용하는 능력이야말로 학습 능력을 기르는 과정이라는 걸 설명해줘야 한다.

아이들은 '학생은 무조건 공부를 열심히 해야 한다'라고 말하면 질색하지만, '학습 능력은 학생 신분일 때 가장 효과적으로 키울 수 있다'라고 덧붙이면 고개를 끄덕인다. 물론 성인이 되어서도 학습 능력을 기를 수 있지만 몰입할 수 있는 환경이 학생일 때만 못하다. 당장 생계를 책임져야 하거나 가정을 돌봐야 할 수도 있거니와 인지능력 역시 어릴 때만 못하기 때문이다.

우리 아이들이 살아갈 미래사회에는 평생직장이라는 개념이 사라질 것이다. 그러나 학습 능력만 갖췄다면 급변하는 사회라도 걱정할 이유가 없다. 이것이 공부를 해야 하는 이유, 공부의 필요성이다. 성장하지 않는 삶은 정체된 삶이다. 여전할 것인가와 역전할 것인가의 차이는 공부를 통해 익히는 학습 능력에 달려 있다고 아이가 알게 해야 한다.

◎ 2단계: 공부 방법 알려주기

큰 계획을 세웠다면 큰 계획을 뒷받침하는 작은 계획들을 세워야 한다. 계획은 지킬 수 있을 만큼 세워서 성취할 수 있도록 하는 게 핵심이다. 그러려면 현실적이고 구체적이어야 한다.

학기, 달, 주, 일 별로 계획을 잡은 다음 매일 실천해야 할 목록을 적어본다. 연산 문제집 두 장, 독서 한 시간, 영어 동영상 30분 보기, 영어 원서 두 권 읽기, 글쓰기는 생활 일기·학습 일기·동시 쓰기·동화 쓰기·독서록 쓰기 중 한 가지 하기, 운동 30분 하기 같은 학습량과 활동량을 꼼꼼하게 적어본다.

계획을 짜라고 하면 너무 적은 양을 계획하거나 반대로 의욕만 앞서 무리한 계획을 잡기도 한다. 일단 해보면서 조금씩 조정하다 보면 계획도 점점 더 잘 짤 수 있게 되니 걱정하지 말자. 공부 시간은 휴식 시간과 놀이 시간을 고려해서 짜야 한다. 공부 시간과 놀이 시간의 비율에는 정답이 없지만 아이가 납득할 만한 비율이라야 한다.

계획을 얼마나 잘 짰냐보다 중요한 건 일단 계획한 공부를 꼭 해야 한다는 것이다. 30분이 걸리든, 세 시간이 걸리든 하기로 한 공부는 마쳐야 한다. 자기주도학습을 위한 계획은 눈에 띄도록 잘 보이는 곳에 적어두는 것이 좋다. 어떤 공부, 어떤 과목, 언제, 얼마만큼, 어떤 방법으로 공부할지 함께 의논한 뒤 실천 가능한 계획을 구체적으로 적어보자.

하루 동안에도 작은 계획과 성취를 많이 경험할수록 좋다. 충분히 실천 가능한 계획이라야 하고, 아이가 부담을 느끼지 않을 정도여야 한다. 그래야 실천할 수 있다. 실천을 반복하며 공부 습관이 자리 잡히면 공부의 양과 질도 천천히 늘려나간다. 실천 단계에서 실패 경험이 쌓이면 자기효능감을 떨어뜨릴 수 있으므로 실천 가능한 계획과 실행으로 실패 경험을 최소화시키자.

◎ 3단계: 자율성 지지하기

공부는 매일매일 꾸준히 반복하는 게 중요하다. 어떤 날은 손님이 와서, 어떤 날은 불금이라 친구랑 놀아야 해서, 어떤 날은 친척 집에 가야 해서, 어떤 날은…. 예외인 날이 많으면 자기주도학습 습관이 자리 잡히지 않는다. 상황이 여의치 않은 날은 그에 맞춰 실천할 수 있는 축소된 계획을 잡아야 한다. 계획에 융통성을 불어넣는 것이다.

그날 상황에 따라 다음 날 더 많이 하기도, 미리 해놓기도, 양을 줄일 수도 있어야 한다. 이때 주의할 점이 한 가지 있다. 바로 지시가 아닌 협의를 하여 아이의 자율성을 지지해주는 것이다. "오늘 바쁘니깐 내일 해."라는 말은 융통성 있는 말이지만 부모의 일방적인 지시다.

부모 **"오늘은 손님이 오셔서 공부할 시간이 부족할 것 같은데 어떻게 하면 좋을까?"**

아이 **"오늘은 두 장 중에 한 장만 풀고 나머지는 내일 아침에 일어나서 하면 좋을 것 같아요."**

예외가 생겨 계획을 수정해야 할 때는 수정 권한을 아이에게 넘겨야 한다. 학습 계획을 짤 때도 융통성을 발휘할 수 있어야 아이가 숨 쉴 수 있다. 아이들도 해버릇 하면 상황에 따라 적절히 조정하는 법을 배우고 익힌다.

공부 못하는 아이로 기르는 방법

EBS 다큐프라임 〈공부 못하는 아이〉에는 긍정성과 함께 자율성의 학습 효과를 실험하는 과정이 등장한다. 4학년 아이 열두 명을 여섯 명씩 A그룹과 B그룹으로 나누었다. 교사는 A그룹에 속한 아이에게 80문제를 한 시간 동안 꼼짝 말고 다 풀어야 한다고 말하고 교실을 떠났다. 아이들은 대략 20분 정도 집중해서 문제를 풀었다. 그런데 이후부터는 문제를 푼다기보다 시간을 버티는 듯보인다. 그럼에도 여섯 명 모두 한 시간 동안 80문제를 모두 풀어냈다. 교실을 나온 아이들에게 문제가 어땠냐고 물어보자 하나같이 어렵고 힘들었다고 고백했다. 푼 문제 중 기억이 나는 문제가 있냐는 질문에는 다섯 명이 한 문제도 기억해내지 못했다.

B그룹에 속한 아이에게는 80문제 중 어떤 과목을 풀지, 몇 문제를 풀지 선택하도록 했다. B그룹 아이들은 쉬면서 풀어도 된다고 했음에도 30분이 넘어도 여전히 문제를 푸는 데 집중했다. 여섯 명은 제각각 10문제, 20문제, 40문제만 풀겠다고 했지만, 다섯 명이 80문제를 모두 풀어냈다. 문제를 풀고 나온 아이들에게 문제가 어땠냐고 물어보자 모두가 쉬웠다고 답하고, 푼 문제 중 기억나는 문제가 있냐는 질문에 다섯 명이 문제를 기억해냈다.

시험 점수도 차이가 났다. 공부하는 시간과 방법을 자유롭게 선택한 B그룹 아이들이 A그룹 아이들보다 네 과목 평균 점수가 5점이나 높았다. 수학은 무려 10점이나 차이가 났다. 이 실험은 공부를 어떻게 해야 잘하게 할 수 있을지를 보여준다. 부모가 자녀를 철저히 관리하면 할수록 아이는 그런 부모 아래서 서서히 자율성을 잃어간다. 부모는 부모대로, 아이는 아이대로 더 힘들어지는데 학습 효과는 오히려 떨어진다.

지금 아이의 공부 주도권은 누가 가지고 있는가? 부모가 움켜

쥐고 있다면 지금 당장 아이에게 넘기자. 공부도 강요하지 않으면 안 될 것이라는 부모의 조급함이 아이의 공부 정서까지 망칠 수 있다. 학습 분량, 학습 시간, 공부할 내용을 정하는 것은 아이의 몫이다. 잘할 수 있다고 믿고 격려하는 것이야말로 부모가 할 일이다.

여행은 자기주도 계획을 세우는 최적의 기회다

가족여행으로 제주도를 다녀왔을 때의 일이다. 여행 계획이 잡히자 나는 아이들에게 "이번 제주도 여행은 너희들이 가이드가 되어보는 건 어때?"라고 말했다. 아이들은 며칠 동안 이 책, 저 책을 찾아보며 가고 싶은 곳을 골랐고, 커다란 지도를 펼쳐 위치를 파악했다. 아이들은 여행을 직접 계획하며 이동 시간, 체험 시간, 식사 시간 등 고려할 사항이 많다는 것을 느끼는 듯했다. 미흡한 점도 많았지만 어쨌든 아이들은 나름대로 여행계획표를 완성해냈다. 처음으로 스스로 계획한 여행이서인지 여느 때보다 설레 보였고, 한동안 제주도에 관한 책을 여러 권 읽고 수시로 지도를 찾아봐서인지 여행 내내 더 즐거워 보였다.

보통 가족여행 하면 부모 주도로 계획을 짜고 움직인다. 아이들이 좋아할 만한 장소와 부모가 원하는 장소를 적절히 조합하여 일정을 짜는 게 일반적이다. 모든 여행은 계획대로 순조로운 날도 있지만 그렇지 않은 날도 있다. 온종일 물놀이만 하겠다는 아이를 질질 끌고 나와 억지로 관광하는 날도 있고, 어르고 달래가며 여긴 꼭 둘러봐야 하는 곳이라고 아이 손을 잡아당기기도 한다. 비싼 돈과 귀한 시간을 들여 온 여행이니 하나라도 더 보여주고 싶은 부모 심정을 잘 안다. 나 역시 그런 추억이 꽤 많다. 그럼에도 한 번은 꼭 아이에게 여행 주도권을 넘겨보라고 권한다.

아이가 직접 여행을 계획하고 실천한 경험이 그 어떤 경험보다 흥미롭고 강렬한 인상으로 남을 수 있기 때문이다. 아이에게 이보다 귀한 경험이 없고, 이 경험은 결코 돈으로도 살 수 없는 경험이니 속는 셈치고 넘겨보자. 부모가 생각한 것 이상으로 아이들은 여행 계획 짜는 걸 좋아한다. 여행 내내 아이들이 주도적으로 움직이는 모습을 보며 깜짝 놀랄 준비를 해보자.

4학년 1학기 사회 수업 시간에는 환경 확대법을 적용해 마을에서 시, 도, 그리고 우리나라까지 지역의 개념을 넓혀 학습한다. 축척과 방위표의 개념을 배워 백지도에 직접 지도를 그려보기도 하고 지역의 사회, 문화, 경제를 배우면서 방문해보고 싶은 장소의 견학 계획서와 보고서를 작성하는 활동도 한다. 하지만 학교 수업은 제한적일 수밖에 없다.

아이들이 방문하고 싶다는 장소를 학교에서 모두 데려다 줄 순 없기 때문이다. 게다가 가정마다 처한 상황이 다르다는 걸 알기에 함부로 '직접 방문해보기' 같은 숙제를 내줄 수도 없다. 결국 영상이나 학습 자료를 함께 보며 다녀왔다고 가정하고 계획서와 보고서를 작성하게 하는데 그럴 때마다 아쉬운 게 이만저만 아니다.

아쉬운 학교 수업을 가족여행이나 나들이로 채워보는 건 어떨까? 아이 주도 여행은 아쉬운 학습의 완성도를 높여줄 뿐만 아니라 자율성을 키워줄 수 있는 절호의 기회다. 거창하게 제주도 여행이 아니더라도 가까운 곳에 나들이하러 갈 때도 괜찮다. 초등학생이라면 얼마든지 할 수 있으니 도전해보자.

바른 공부 습관을
들이는 힘 3

근성

공부도 '될 때까지 해봐야'
성공 경험으로 쌓인다

승자가 즐겨 쓰는 말은

'다시 한 번 더 해보자'이고,

패자가 즐겨 쓰는 말은

'해봐야 별 수 없다'이다.

- 탈무드

하고 싶은 일만 하며 살 수는 없다

선생님, 이거 꼭 다 해야 해요?

2학년 수학 시간, 아이들은 곱셈구구 공부에 한창이다. 나는 연산 학습지를 만들어서 아이들에게 나눠줬다. 곱셈구구와 같은 기초 연산은 원리를 머리로 이해하는 것만큼이나 문제를 충분히 풀어보는 것도 중요하기 때문이다. 연산 학습지 중에는 몫을 같은 색으로 칠해 그림을 완성하는 픽셀아트 활동도 포함되어 있었다. "선생님, 이거 꼭 다 해야 해요?" 대다수는 픽셀아트 활동을 재미있어하지만, 일부는 지겨워하거나 하기 싫다고 말하기도 한다.

교실에서는 색칠만 하면 되는 아주 쉽고 단순한 학습 활동이 꽤 있다. 예를 들면 픽셀 속 특정 숫자를 찾아 같은 색으로 칠해 그림을 완성하는 활동, 수 배열표에서 빠진 숫자를 넣는 활동, 색칠해서 그림을 완성하는 활동 등이다.

당연히 아이들마다 좋아하는 활동이 있고 싫어하는 활동이 있다. 그렇지만 해보기도 전에 하기 싫은 내색을 하고 굳이 해야 하냐고 묻는 아이들이 있다. 스스로 학습 의욕을 떨어뜨리는 아이들이다. 나름대로 하기 싫은 이유가 있겠지만 단지 재미가 없고, 시시하고, 귀찮아서라면 아이와 진지하게 대화를 나눠야 한다. 이 세상은 하고 싶은 일만 하면서 살 수도 없거니와 그렇게 산다고 해서 행복한 것도 아니기 때문이다.

◇◇◇◇◇◇◇◇◇◇◇ 보통 아이와 전교 1등의 차이

전화를 받는 엄마의 목소리가 들떠 보였다. 전화가 걸려온 곳은 내가 입학할 중학교였다. 엄마는 입이 귀에 걸린 채 옷 한 벌 사러 나가자고 했다. 내가 반 편성 배치고사에서 1등을 해서 신입생 대표로 입학 선서를 해야 하기 때문이었다.

입학식 날, 나는 사복이지만 누가 봐도 교복처럼 보이는 치마와 재킷을 입고 떨리는 목소리로 선서를 외쳤다. 함께 입학하는 1학년 동급생부터 3학년 언니들까지 천 개가 넘는 눈빛이 내 두 뺨을 뚫을 것 같았다. 반장 자리도 내 몫이었다. 선생님들은 나를 "어이~ 전교 1등" 또는 "어이~ 반장" 하고 불렀고 친구들도 덩달아 그렇게 따라 불렀다. 나는 내 앞에 붙은 수식어가 부담되기도 했지만 은근히 어깨를 으쓱거렸다.

얼마 후 첫 중간고사를 치렀다. 나는 최선을 다했지만 전교 1등 타이틀만큼은 부반장 윤영이에게 넘겨야 했다. 나는 그 후로도 쭉 공부를 잘했지만 윤영이보다 더 좋은 성적을 받진 못했다. 윤영이와 나는 무엇이 달랐을까?

윤영이는 자기주장이 뚜렷한 아이였다. 아니다 싶은 일에는 미적대지 않고 명확하게 자기 생각을 말했다. 윤영이는 목표 의식이 뚜렷했고, 자신이 목표하는 대학에 진학하기 위해 어떤 노력을 해야 하는지 구체적으로 알고 있었다.

윤영이는 수시로 의사가 '되겠다'라고 말했다. '되고 싶다'가 아니라 '되겠다'라고 확언하는 윤영이가 평범해 보이진 않았다. 시험 목표는 언제나 '올백'이었다. 예체능을 포함하면 열 과목이 넘는데도 틀린 문제가 한 손으로 꼽을 정도였던 걸 보면 올백이 허황된 목표는 아니었다.

윤영이는 시험 범위가 나오기도 전에 미리 시험 범위를 예상하고, 과하다 싶을 만큼 구체적으로 계획을 세웠다. 공부할 과목, 분량, 예상 시간, 학습서 종류까지 하나하나 꼼꼼하게 적어야 하니, 계획을 잡는 데만 꽤 오랜 시간이 걸린다고 했다. '오늘은 국어, 내일은 수학, 모레는 사회' 미니멀리즘을 추구하는 내 계획표와는 확연히 달랐다. 윤영이의 계획표는 수정한 부분도, 다시 작성한 부분도 없었다. 어렸던 내 눈에는 그런 윤영이가 독해 보였다.

윤영이와 내가 등수만 달랐을까? 더 중요한 것이 달랐다. 바로 목표를 이루기 위해 몰두하는 태도, 즉 근성이 달랐다. 나는 전교 1등으로 중학교에 입학했지만, 전교 1등 타이틀은 그 시험이 처음이자 마지막이었다. 공부 잘한다는 평가는 받고 싶었지만, 그만큼 노력하지 않았고 의지도 부족했다. 의사가 되겠다던 윤영이는 지금 영상의학과 전문의다. 거들먹거리는 듯한 말투와 독해 보였던 행동이 지금 와서 보니 근성이었다. 근성은 진짜 전교 1등 윤영이와 가짜 1등 나를 가르는 가장 큰 차이였다.

근성은 두 가지 조건이 충족되어야 완성된다. 하나는 끈질기다는 의미인 '끈기'이고, 또 다른 하나는 목표를 이루겠다는 '동기'와 '의지'다. 근성이 있으면 단발성 행동으로 그치지 않는다. 예를 들어 시험 기간을 앞두고 촉박한 마음에 밤을 꼴딱 새우며 벼락치기를 하는 행동은 근성이 아니다. 바쁜 와중에서도 꾸준히 일정 시간 투자해 무언가를 하는 힘이 근성이다. 근성은 '목표'와 '동기'를 가지고 꾸준한 '의지'로 다지는 게 핵심이다.

어른, 아이 할 것 없이 인생을 살다 보면 하기 싫은 일을 하라고 강요받을 때가 무척 많다. 게다가 신경을 분산시키고 다른 길로 빠지도록 유혹하는 것들이 아이들 주변에 널려 있다. 아이에게 목표를 세우고 달성하라고 하는 게 쉬운 일은 아니다. 그럼에도 하기 싫은 일도 시작하고 끝맺을 줄 아는 근성 있는 아이로 키워야 한다. 매일 읽고, 쓰며, 익히기에 재미를 붙이도록 돕는 것만큼이나 중요한 일이다.

끝까지 해내는 힘 즉, 근성이 탄탄하게 받쳐준다면 따분한 일에도 온 힘을 다 할 수 있다. 노력 없는 재능은 실현될 수 없다. 재능이 수면 위로 드러나려면 근성이 동반되어야 한다.

결국 해내고야 마는 아이로 키우는 법

10분도 가만히 앉아 공부하기 힘든 아이

"선생님, 우리 애는 10분도 가만히 앉아 공부하기 힘들어해요."

매일 해야 할 공부는 고사하고 10분도 가만히 앉아 있기 힘들어 한다는 아이들을 만난다. 학교에서도 수업 시간 내내 몸을 비틀고 꼬며 각종 핑계를 대며 돌아다니는 아이들이다. 엉덩이는 의자에 깊숙이 박혀 있지만, 머릿속은 온통 안드로메다 여행을 다니느라 바쁜 아이도 있다. 몸과 마음을 한 가지 일에 집중시키지 못하고 자꾸 딴 곳을 향하는 아이들, 주의력이 부족한 아이들이다.

◎ 필요한 건 집중력이 아니라 주의력

평소 몸을 비틀고 집중하지 못하는 아이를 보면서 '집중력이 부족한가?'라고 생각했을지 모르겠다. 집중력과 주의력은 비슷해 보이지만 차이가 있다. 집중력은 한 가지 대상이나 일에 몰두하는 능력이고, 주의력은 어딘가에 관심을 두는 능력이다. 주의력은 관심을 가지는 범위를 좁힐 수도 넓힐 수도 있으며, 집중력을 조절하는 능력까지 포함한다.

쉽게 말해 좋아하는 일에 몰두하는 것은 집중력이지만, 좋아하지 않는 일에도 관심을 기울이는 것은 주의력이다. 좋아하지 않는 일에도 관심을 기울이고 집중을 한다면 어떤 일이 벌어지겠는가.

집중력이 높으면 같은 시간을 투자하더라도 결과물이 달라진다. 하지만 아이들은 집중력을 유지하기가 쉽지 않다. 보통 저학년은 길어야 10분에서 20분, 고학년은 30분에서 50분이다. 이 말은 1학년 아이가 10분도 채 집중하지 못하는 게 걱정할 일은 아니라는 말이다. 물론 주의력이 부족한 건 다른 문제지만 말이다. 주의력이 부족한 건 어떻게 확인할 수 있을까? 몇 가지를 확인해보자.

- 다른 사람이 말할 때 잘 듣지 않는 것처럼 보인다. (　　)
- 다른 사람에게 들은 말을 잘 기억하지 못한다. (　　)
- 가만히 앉아 있지 못하고 손발을 자주 움직인다. (　　)
- 자기 차례가 돌아올 때까지 기다리는 걸 힘들어한다. (　　)

- 상황에 맞지 않게 과도하게 돌아다니거나 뛰어다닌다. ( )
- 다른 사람이 하는 일을 자주 방해하거나 참견한다. ( )
- 일상적인 일을 자주 잊어버린다. ( )

주의력 결핍을 진단하는 항목인데, 몇 개에 해당하느냐도 중요하지만 얼마나 빈번한가도 확인해야 한다. 초등 아이들은 누구랄 거 없이 다들 조금은 산만하고 장난기가 넘친다. 그럼에도 정도가 지나친 아이가 분명히 있다. 나는 한 해 걸러 한 명꼴로 ADHD(주의력 결핍 과다 행동장애)를 진단받는 아이를 만났다. 고학년 아이들은 이미 치료를 받고 있는 경우가 많기 때문에 대개 저학년 아이들이다.

교사는 아이들을 누구보다 많이 만나기에 직관적으로 잘 알아챌 수 있는 사람이다. 담임교사는 ADHD가 의심되는 아이가 보이면 내적 갈등을 겪는다. 부모에게 ADHD가 의심된다고 알려야 할지 말아야 할지를 두고 말이다. 아이와 부모에게 상처를 주는 게 아닌가 싶어서다. 칭찬할 점을 열 가지 말하고, 부족한 점을 한 가지 말해도 부족한 점만 크게 들리는 게 부모라는 걸 잘 알기 때문이다.

괜히 말했다가 생사람 잡는다며 원망하는 부모도 많아 여간 조심스러운 게 아니다. 그럼에도 교사들은 알릴 수밖에 없다. 다만 오래 고민하고 또 고민한 끝에 알린다. 확신이 서지 않을 땐 아이를 잘 아는 동료 선생님들과 의논하기도 한다. 조심스럽고 망설여지지만 그럼에도 용기 내 부모에게 말하는 이유는 오직 하나다. 교육은 가정과 학교가 함께 협력해야 하는 일이기 때문이다.

아이들은 가정과 학교라는 교육 공동체를 통해서 배우고 성장한다. ADHD 증상이 있는 아이라면 가정과 학교가 긴밀히 협력해야 한다. 전문기관에서 ADHD로 판정을 받았다면 담임 선생님께 알려서 관심과 지도를 부탁해야 한다. 경우에 따라 전문기관과 담임교사가 연계하여 지도하기도 한다.

그동안 만났던 ADHD 아이들 대다수는 치료를 받은 후 증상이 눈에 띄게 좋아졌다. 보통 아이와 다름없이 잘 자라고 있고 학교생활 역시 순탄하게 해나간다. 회피하고 부정하고 싶은 마음이 드는 게 당연하다. 하지만 회피할수록 아이는 더 힘들어지고 치료가 어려워질 수 있다. 정확하게 진단받고 치료를 병행하는 게 아이를 위한 길이라는 걸 받아들여야 한다.

반대로 교사가 보기에는 평범한데 부모가 아이를 ADHD로 의심하는 경우도 있다. 저학년 아이들은 누구라도 활발히 움직이고 그게 정상인데, 정보가 넘치다보니 괜히 불안하고 걱정스러워질 때가 있을 것이다. 아이에게 정보를 과잉 대입하면 누구라도 ADHD로 보일 수 있기 때문에 더욱 그렇다. 걱정되고 불안하면 전문가를 찾는 게 맞지만 일단 담임 선생님에게 상담을 요청해보자. 우리 애만 지켜보는 부모보다 여러 아이를 관찰하는 교사의 눈이 조금 더 객관적이기 때문이다.

◎ 아이의 주의력을 높이는 방법

흔히 집중력이 뛰어난 아이가 공부도 잘할 거라 예상한다. 물론 집중력이 좋으면 효율적으로 공부할 수 있다. 하지만 장기적으로 볼 때 학습에 더 큰 영향을 미치는 건 주의력이다. 초등학생은 주의력이 떨어지면 행동에 그대로 드러나고, 그 행동은 학습에 더 많은 영향을 끼치기 때문이다. 아이의 주의력을 끌어올리기 위해 우리는 무엇을 할 수 있을까?

① 짧고 간결하게 지시하기

주의력이 부족하면 상대방의 말을 제대로 듣지 못하고 눈을 맞추지 않는다. 산만한 아이는 여러 가지 지시를 한꺼번에 받으면 이해를 하지 못한다. 해야 할 과제와 행동은 한 번에 하나씩 짧고 간결하게 전달해야 효과적이다. "나중에 숙제하고 씻어." 대신 "지금 수학 숙제 한 장 풀자."라고 지시하고, 숙제를 마치면 "씻자."라고 지시해야 한다. 지시를 내린 다음에 "뭐 하기로 했지?"라며 할 일을 떠올리고 자기 입으로 말하게 하는 것도 효과적이다.

② 환경을 차분하게 만들기

환경에 민감하게 반응하는 아이일수록 주의력이 떨어질 수 있다. 주의력을 떨어뜨리는 요소를 하나씩 줄여나가야 한다. 자꾸 시선이 가는 물건은 치우고 소음도 줄여야 한다. TV를 켜두거나 음악을 틀어두는 것도 지양해야 한다.

③ 운동으로 자기조절력 길러주기

운동 역시 주의력을 높이는 데 상당한 효과가 있다. 팔과 다리를 의식적으로 움직여야 하는 운동은 자기조절력을 기르는 데 도움을 준다. 이런 운동을 규칙적으로 할 수 있도록 도와야 한다.

④ 성공 경험 겪게 하기

'나도 해보니 되더라'와 같은 성공 경험은 새로운 일에 도전하게 만드는 원천이다. 새로운 도전과 연이은 성공 경험은 근성으로 나아가게 하는 힘이 된다. 성공 경험을 늘리려면 도전 가능한 수준의 과제와 적은 학습량으로 시작해야 한다. 무조건 성공하도록 말이다. 수준과 학습량은 이후에 조금씩 높여나가도 충분하다.

⑤ 즉각적으로 보상하기

주의력이 낮은 아이는 평소에도 꽤 산만하므로 부정적인 피드백을 자주 받을 수밖에 없다. 그런 아이에게는 긍정적 피드백을 늘려줘야 한다. 아이가 해야 할 일을 끝까지 완수했을 때는 즉각적이고 긍정적인 피드백이 필요하다. 작은 사탕 같은 물질적 보상이 나을 때도 있고, 어깨를 쓰다듬는 것만으로도 충분할 때가 있으며, "최선을 다했구나."와 같은 호들갑이 함께하는 칭찬이 좋을 때도 있다.

주의력이 낮은 아이라면 칭찬거리를 모아서 하지 말고 작은 행동이라도 그때그때 즉각적으로 보상해야 효과적이다.

할 일을 자꾸만 미루는 아이

방학 내내 일기 쓰기를 미루다 개학 직전에 정신없이 일기를 날려 쓴 적이 있을 것이다. 온종일 놀다 한밤중이 되어서야 슬그머니 숙제를 꺼내거나, 시험 직전에야 밤새며 벼락치기 공부를 한 적도 꽤 있을 것이다. 어차피 해야 할 일인데 우리는 왜 자꾸 미루는 걸까? 태생부터 게을러서일까? 물론 게으름이 원인일 수 있지만 그보다 큰 원인이 있다.

① 완벽주의 탓이다

잘해야 한다는 강박 때문에 시작하지 못하고 계속 미루는 경우다. 이럴 땐 이렇게 말해주자.

"많은 생각과 계획에 시간을 들이지 않아도 돼. 완벽하지 않아도 괜찮아. 근사한 계획표보다 작은 행동이라도 일단 시작하는 게 더 중요해. 일기장을 펴서 제목을 적어보는 게 시작인 거야."

② 지나친 낙관주의 탓이다

한 시간이 걸릴 숙제를 10분 만에 끝낼 거라 믿고 비현실적인 계획을 세우는 경우다. 이럴 땐 미리 이야기해주자.

"지난번에 일기 쓰는 데 한 시간 걸리던데? 몇 시부터 일기를 쓰면 저녁 먹기 전에 마무리 지을 수 있을까?"

③ 최종 마감 시간을 즐기기 때문이다

마감 시간이 다가와야 비로소 집중력이 발휘된다고 주장하는 아이들이 있다. 집중력이 좋아지는지는 모르지만 미뤘다는 사실은 변하지 않는다. 미루지 않도록 이렇게 말해주자.

"해야 할 일의 목록을 포스트잇에 써서 눈에 잘 띄는 곳에 붙여놓자. 다 한 일은 떼고 말이야. 해야 할 일을 먼저 끝낼 수 있을 거야."

딴짓하는 아이

성희네 집이 고요하다. 시험을 앞둔 성희 집에서는 작은 소음도 허락되지 않는다. 엄마는 정갈하게 깎은 과일을 접시에 담아 들고 성희 방으로 들어선다. 그 순간 엄마 눈에 성희가 책상 아래로 급하게 감춘 핸드폰이 들어온다.

"최.성.희. 너 내일모레가 시험인데 핸드폰이 눈에 들어오니? 너 시험공부 하라고 온 가족이 쥐 죽은 듯 생활하고 있는 거 안 보여? 넌 방문 닫더니 공부는 안 하고 핸드폰이나 하는 거야? 저번 시험 성적 벌써 까먹은 거야? 어휴…. 너를 믿은 내가 잘못이지…."

성희는 펼쳐놓은 문제집을 탁 하고 덮어버린다. 엄마도 방문을 쾅 하고 닫아버린다.

성희 엄마가 성희에게 말한 의도는 무엇일까? 당연히 '공부해!'일 것이다. 하지만 공부하라는 메시지와 함께 딸에 대한 실망과 그런 딸을 믿고 숨죽이며 뒷바라지했던 자신에 대한 분노가 전해진다. 성희 엄마의 말과 행동은 훈육이었을까, 잔소리였을까?

성희의 일기

시험 기간이라 너무 힘들다. 엄마는 지난 시험 망친 거 만회해야 한다고 하루에도 수십 번을 말한다. 나도 당연히 알고 있다. 그런데 시험 범위는 너무 넓고 도대체 뭐부터 어떻게 공부해야 할지 모르겠다. 너무 어려워서 앞부분을 보자니 시험 범위에도 들어가지 않는데 시간만 낭비하는 것 같다. 그렇다고 범위에 있는 내용만 보자니 무슨 말인지 도통 이해가 안 된다. 친구들 단톡방에 들어가 잠깐 눈팅을 했을 뿐인데, 엄마는 그 모습만 보고는 내게 화를 내며 '너를 믿은 내가 잘못'이라며 문을 쾅 닫고 나갔다. 엄마가 내게 실망하고 속상한 만큼 나도 이런 내가 한심하고 이런 나에게 화가 난다.

엄마의 일기

성희의 지난 시험 성적은 말 그대로 충격이었다. 분명 머리가 나쁜 건 아닌데…. 도통 집중을 못 하는 것 같다. 그렇다고 공부를 대신에 해줄 수도 없으니 그저 나는 집안 식구들 조용히 시키고 간식이나 나를 수밖에 없다. 그때 방문을 괜히 열었나 보다. 또 핸드폰을 만지작거린 딸에게 고함을 치고야 말았다. 한번 튀어나온 잔소리는 꼬리에 꼬리를 물듯 머리를 거치지 않고 나와 버렸다. 화를 내면 낼수록 더 화가 났다. 과일을 깎은 내 손도 원망스럽다. 방문을 쾅 닫고 나오자마자 후회가 밀려왔다. 너를 믿은 내가 잘못이라는 말을 주워 담고 싶지만 이미 돌이킬 수 없다. 나는 오늘도 잠든 딸을 보며 미안하다 속삭이겠지….

가족 간의 대화 양상을 분석하면 '관심, 수용, 인정, 애정, 유머, 비난, 모욕, 조롱, 격멸, 분노, 주도하기, 싸움 걸기, 슬픔, 방어'의 감정들이 포함되어 있다. 성희 엄마는 딸에게 표현한 비난과 모욕, 분노와 같은 감정을 후회하고 있다. 아이에게 어떤 어려움이 있는지 먼저 헤아려봤다면 다른 감정의 말이 나왔을 것이다. 오늘 아이에게 훈육을 했는지, 잔소리를 했는지 돌이켜보자. 그리고 내가 아이에게 한 말에는 어떤 감정이 많이 포함되어 있었는지도 떠올려보자.

◎ 훈육의 세 가지 원칙

훈육에는 세 가지 원칙이 있다. 첫 번째는 '일단 멈춤'이다. 훈육訓育은 가르칠 훈訓과 기를 육育이 합쳐진 말로 '품성이나 도덕 따위를 가르쳐 기름'이라는 뜻을 담고 있다. '가르쳐 기름'에는 교육이라는 행위가 담겨 있다.

훈육은 부모가 아이의 행동이나 생각이 사회의 질서나 규범에 합당한 것인지 판단하고 가르치는 행위이지 감정을 표출하는 행위가 아니다. 이성적으로 말하다가도 점점 감정이 끓어오른다는 건 충분히 이해한다. 이때는 '일단 멈춤'이 필요하다. 잠시 거리를 두고 생각할 시간을 갖는 것이다. 끓어올랐던 감정의 거품이 사그라들면 조금 더 이성적으로 대화할 수 있다. 마음의 바닥까지 다 쏟아내고 나면 후회와 번민이 그 자리를 채울 뿐이다. 훈육이 목표였지만 감정도 함께 나오려 한다면 일단 멈추자.

두 번째는 대안을 함께 제시하는 것이다. 부모는 자녀의 잘못을 고쳐주려고 훈육을 한다. 하지만 잘못된 행위 자체를 훈육하는 건 행동 교정을 이끌어내기 어렵다. 아이 행동이 잘못되었다고 판단해서 "안 돼."라는 부정적 지시어만 남긴다면, 행동에 대한 한계선은 느낄 수 있지만, 허용 선을 인지하지 못한다. 안 되는 것을 분명히 가르치는 동시에 대안도 함께 알려줘야 한다.

세 번째는 미래 행동을 제시하는 것이다. "또 그러기만 해 봐. 더 혼날 줄 알아."라는 협박보다 "만약 똑같은 상황이 생긴다면 어떻게 하면 좋을까?" 같은 질문으로 아이 스스로 미래 행동을 그려보게 한다. 비슷한 갈등 상황은 언제든지 발생할 수 있기 때문에 미래 행동을 스스로 결정할 수 있게 도와주는 것이 훈육의 마지막 원칙이다.

◎ 감정이 섞이면 잔소리다

잔소리는 부모의 편견과 습관이 만들어낸 감정 표현이다. 훈육의 첫 번째 원칙이 '일단 멈춤'인 이유도 감정 표현을 자제하기 위해서다. 그래서 일본의 아동보육 전문가 노구치 케이지는 '침착해진 후 훈육을 한다'라는 원칙을 제시한다.

부모와 자식의 관계는 그리 객관적이지 못해서 감정을 배제한 훈육이 참으로 어렵다. 물론 나도 마찬가지다. 학교에서 만나는 아이들에게는 큰소리로 화를 내거나 감정 섞인 훈육을 할 일이 별로 없다. 하지만 가정에서 만나는 아이들 두 명에게는 종종 언성을 높이기도 하니 말이다. 훈육이 잔소리로 변질되는 순간이다.

◎ 두 번 이상 말하면 잔소리다

학부모 상담을 하다 보면 "열 번을 말했는데 그중에 한두 번 할까 말까예요."라고 한숨을 내쉬는 부모가 있다. 같은 말을 두 번 이상 반복하면 잔소리다. 수시로 여러 차례 반복해서 말하면 아이가 바뀔 거라 여기는 건 잘못된 판단이다. 반복해서 말하면 아이가 벽을 치고 흘려듣는다.

◎ 부모의 강경책에 아이는 반칙으로 응수한다

잔소리든 훈육이든 통하지 않는다고 판단되면 핸드폰 압수, 게임 금지, 쉬는 시간 금지와 같은 강책을 쓰는 부모가 많다. 하지만 부모가 강책을 쓰면 아이는 반칙과 변칙으로 맞선다. 부모는 훈육, 잔소리, 강책 이전에 아이가 집중하지 못하는 원인을 먼저 파악해야 한다.

◎ 아이를 좌절하게 만드는 잔소리 효과

사람의 행동은 개인의 신념이나 생각에 의해 좌우된다. 신념이나 생각은 어떠한 자극에 의해 자발적으로 떠오르기도 하는데 이것을 자동적 사고automatic thoughts라고 한다. 자동적 사고는 말 그대로 자발적으로 일어나기 때문에 한번 떠오른 생각을 멈추기는 힘들다.

부정적 언어 메시지인 잔소리나 비언어적 메시지인 눈빛과 표정, 한숨 소리는 자동적 사고를 유발한다. 자동적 사고는 부정적인 사고로 고착될 가능성이 있어서 굉장히 위험하다. '나는 원래 못해', '나는 잘하는 게 없어', '나는 원래 숙제를 미뤄'라는 식으로 자신을 부정적으로 인지하면 이것이 화석화되어 비슷한 상황에서 부정적인 사고를 하게 만든다.

부정적인 자동적 사고는 아이를 더 자주 좌절하고 포기하게 만든다. 아이들이 수시로 입버릇처럼 내뱉는 '이생망(이번 생은 망했다)'으로 이어지는 것이다. 부정적인 자동적 사고가 고착되기 전에 잔소리를 멈추고 결이 다른 대화를 해야 한다. 아이가 부모에게 고민을 털어놓기도 하고, 힘들 때 기대기도 하는 편안한 대화는 어떻게 할까?

◎ 잔소리하기 전에 점검해야 하는 두 가지

열 번을 말하면 한두 번 할까 말까 하는 아이를 다르게 생각해보자. 열 번 중에 한두 번만 하는 게 아니라, 열 번 중에 여덟아홉 번은 도움이 필요한 것이라고 말이다.

잔소리를 내뱉기 전에 아이 수준을 파악하는 게 먼저다. 아이가 어떤 문제를 겪고 있는지 파악했다면 부모는 자녀에게 어떤 말을 해야 할까? 바로 '공감'의 말이다. 아이의 행동이나 생각이 좋든 나쁘든 공감이 우선이다. 공감하지 못하는 표정과 말 앞에서는 자신의 감정을 솔직하게 말하기 어렵다. 자신의 감정을 표현하는 기회를 줘야 감정이 성숙해진다.

'아이가 일부러 그러는 것은 아니다', '자신도 집중하고 싶지만 집중하기 어렵다'라고 이해해야 한다. 실제로 자신도 집중하지 못하는 상황이 괴로울 수 있다. 기초가 부족한 건 아닌지, 아이 수준에 비해 어려운 부분은 없는지, 흥미가 없는 것인지 등의 원인을 찾아야 한다. 우리도 한때는 어린아이였다. 그 시절을 떠올려보면 우리도 비슷하지 않았던가?

"엄마도 어렸을 때 집중이 되지 않아 힘든 적이 있었어."라는 공감의 말, "어떤 부분이 힘드니? 엄마가 뭘 도와주면 좋을까? 엄마가 도와줄 수 없는 부분이라면 네가 겪는 어려움을 의논할 만한 사람이 있니? 엄마가 도울게."라는 도움의 말을 전해야 한다. 아이에겐 자신의 처지를 이해하고 한 팀이라고 느껴지는 엄마의 따뜻한 말 한마디가 필요하다. 아이는 내 편이 되어 해결해주려는 부모에게 위로와 격려를 받는다.

◎ 아이들은 폭력만 기억할 뿐이다

1학년 아이들과 《안전한 생활》에 나오는 '폭력'에 대해 공부할 때였다. 가정 폭력은 우리가 보이지 않는 곳에서 빈번하게 일어나고 있다는 기사를 함께 보고 있었는데, 한 아이가 "저도 아빠한테 맞은 적 있어요."라고 말했다. "저는 어제도 벌섰어요.", "저는 여섯 살 때 엄마가 자꾸 그러면 다리 밑에 버린댔어요.", "그냥 혼났어요."라는 제보성 발표가 시키지도 않았는데 이어졌다. 말하는 아이들의 목소리에는 제각각 속상함과 억울함이 깃들어 있었다.

안타깝게도 대다수 아이가 당시 혼이 난 사실과 감정만 기억할 뿐, 왜 혼이 났는지를 기억하지 못한다. 부모는 아이를 긍정적으로 변화시키기 위해 훈육을 했다고 여기지만, 변하는 건 아이의 행동이 아니라 부모와 자녀 사이의 감정이다.

아이를 때리거나 벌세우기, "또 그러면 버릴 거야!" 같은 협박은 훈육이 아니라 폭력이다. 물리적 폭력이든 정서적 폭력이든 어떤 폭력도 정당하지 않다. "아이를 바르게 키우려다 보면 어쩔 수 없이 벌을 세워야 할 때가 있어요."라고 말하는 경우가 있는데, 그게 정말 바르게 키우기 위해서인지 편하게 키우기 위해서인지 생각해 보자.

◎ 조건을 걸어야 할 때는 현명하게 걸자

부모는 자식에게 아무런 조건이 없는 맹목적 사랑을 보낸다. 그럼에도 아이를 훈육하다 보면 조건을 걸어야 할 때가 있다. 조건부 행동이 좋은 건 아니지만 그렇다고 해서 무조건 나쁜 것도 아니다. 다만 조건을 걸 때는 현명하게 말해야 한다. 바로 제안하는 말하기 방식이다. 같은 뜻이라도 '아' 다르고 '어' 다르다. 조건을 달지 않는 게 이상적이지만 어쩔 수 없이 걸어야 하는 경우라면 긍정형으로 말하길 권한다.

	조건(만약~)	행동(~거야)
부정형 말하기	숙제 안 하면	놀이터 못 가게 될 거야
긍정형 말하기	숙제 다 하고	놀이터 같이 가자

참을성이 부족한 아이

주성이 목이 견디다 못해 뒤로 꺾이며 넘어간다. 의자가 꽈당 뒤로 넘어가지 않은 게 다행이다. 토끼 눈을 한 주성이가 주위를 둘러본다. 친구들은 주성이를 한 번 쓱 보더니 대수롭지 않다는 듯 이내 수업에 집중한다. 아무도 자신에게 관심 없는 걸 확인한 주성이는 대놓고 엎드려 잔다.

주성이는 게임에 빠진 6학년 아이다. 부모님이 잠든 깊은 밤에 주성이는 다시 컴퓨터를 켰다. 밤새 게임을 즐기고 이른 새벽녘에 쪽잠을 자다가 허겁지겁 등교한 뒤 학교에서 모자란 잠을 채우고 있다.

"선생님, 주성이 서든어택 계급 진짜 높아요.", "온라인 사이트에서 주성이 진짜 유명해요."라는 친구들의 부연 설명에 주성이의 어깨가 미세하게 들썩였다. 그 모습을 지켜본 나는 방과 후에 주성이와 함께 학교 교정을 거닐며 이야기를 나누었다.

"선생님, 저는 게임 유튜버가 장래 희망이에요. 제가 모은 패스티켓이 있는데 그건 계속 관리하지 않으면 계급도 같이 떨어져요."

주성이는 수업 시간에도 게임 생각이 나고 귀에서는 게임 비지엠(BGM)이 떠나지 않는다고 했다.

"선생님은 게임에 대해서는 잘 모르지만, 주성이 마음은 충분히 알겠어. 그런데 주성이 나이에 꼭 길러야 하는 것들이 있는데 게임이 과해 더 중요한 걸 놓치는 건 아닌지 걱정이 돼."

주성이와 함께한 긴 상담 덕분에 주성이가 그동안 왜 그렇게 학교생활에 성실하지 못했는지, 언행이 거칠었는지, 부진아 낙인에서 벗어나지 못했는지 알 수 있었다. 얼마 후 주성이 어머니와 상담을 하였다. 주성이 어머니는 귀하게 얻은 자식이라 아들이 원하는 것이라면 뭐든 다 들어주며 키웠다고 하셨다. 식구들이 모두 잠든 한밤중에 컴퓨터를 켠다는 사실도 이미 알고 계셨다.

이후 주성이는 학교에서 하는 인터넷 게임 중독 검사에서 양성 판정을 받았다. 중독은 자신의 의지로 조절하기 힘든 상태다. 부모의 훈육만으로 해결할 수 있는 문제가 아니므로 전문가에게 도움을 받고 적절히 치료해야 한다.

다행히 주성이와 부모님은 치료에 동의했고, 전문기관과 연계된 치료를 받을 수 있었다. 주성이는 중독 치료를 통해 욕구를 참아내는 연습을 꽤 오래도록 했다. 어느 순간 데친 시금치마냥 흐물거리던 주성이에게 생기가 돌기 시작했다. 여전히 장래 희망이 게임 유튜버지만 자신의 의지로 욕구를 참아낼 수 있는 만족 지연 능력을 키워갔다.

◇◇◇◇◇◇◇◇◇◇◇ 유혹을 이겨내는 아이

"선생님이 다시 돌아오면 마시멜로를 먹을 수 있단다. 혹시 지금 당장 마시멜로를 먹고 싶으면 책상 위에 놓인 종을 울려주렴. 그럼 선생님이 돌아올 거야. 하지만 종을 울리지 않고 선생님이 돌아올 때까지 기다리면 마시멜로를 두 개 줄 거야."

그 유명한 마시멜로 실험이다. 미국의 심리학자 월터 미셸은 이 실험에 참여한 아이들을 추적하여 마시멜로를 먹기까지 기다린 시간과 학업 성취도 간의 상관관계를 분석했다. 결과는 15분을 기다린 아이들이 30초 만에 종을 울린 아이들보다 SAT(미국 대학수학능력시험) 점수가 210점이 높았다. 심지어 성인이 되어서도 신체질량지수가 더 낮았고 몸무게도 덜 나갔다. 연구자들은 이를 '만족 지연'이라고 이름을 붙였다.

만족 지연 능력delay of gratification은 더 큰 성취감을 위해서 현재의 만족을 미룰 수 있는 능력이다. 이는 자신이 조절할 수 없는 상황(혼날까 봐, 맞을까 봐) 때문에 어쩔 수 없이 참는 참을성과는 다르다. 만족 지연 능력은 전적으로 자신의 의지로 현재의 욕구를 조절하는 것이다. 숙제를 미루지 않고 제때 하는 것, 숙제가 끝나기 전에는 게임을 하지 않는 것도 만족 지연 능력이다.

교실에서 아이들과 풍성하게 한 해를 보내려면 보상 체계를 잡아두는 게 중요하다. 나는 '칭찬통장'이라는 보상 체계를 학년에 따라 수준을 달리하여 활용한다. 칭찬통장 활동은 수업 참여도, 발표, 모둠 활동, 산출물, 글쓰기, 과제 수행, 멘티-멘토 활동, 책상 정리,

언행, 교우 관계, 준비물, 급식을 골고루 먹었는지 등을 통장에 기록하고 점수를 쌓는 활동이다.

아이들은 칭찬 점수를 쿠폰으로 교환한다. 쿠폰 중에서 간식(사탕이나 젤리류) 교환권과 같은 일회성 쿠폰은 적은 점수로도 교환이 가능한 반면, 짝지 선택권과 같은 쿠폰은 많은 점수를 모아야 교환할 수 있다. 아이들 중에는 적은 점수로 사탕을 받아 가며 만족하는 아이도 있지만, 새콤달콤한데 식감까지 좋은 젤리를 씹을 수 있는 기회를 두 눈을 질끈 감고 참는 아이도 있다.

"준현아, 너 몇 주째 왜 쿠폰 안 받아? 몇 점인데? 칭찬통장 좀 보여줘."

준현이는 친구들의 성화에 못 이겨 자신의 칭찬통장을 보여준다.

"야, 대박이야! 얘들아, 준현이 벌써 500점 넘었어."

500점은 두 달가량 할 일을 매일 빠짐없이 해야 모을 수 있는 점수다.

"준현아, 너 그 점수 모아서 뭐 하려고 그래? 집이라도 한 채 살 거니? 아니면 설마…?"

5학년 준현이는 두 달 가까이 모은 칭찬 점수를 쿠폰 한 장과 맞바꿨다. 준현이가 가져간 쿠폰은 '학급 자유 시간 한 시간 권'이었다. 자유 시간, 그것도 고작 한 시간 쿠폰이었다. 일회성 보상이지만 서른 명이 누릴 수 있는 쿠폰이었다. 그래서인지 준현이는 쿠폰 서른 장을 받은 듯 뿌듯해했고, 친구들은 환호성을 질렀다. 시간표를 바꾸고 시수를 조정해야 하는 내 번거로움은 준현이와 아이들의 기쁨에 비할 바가 아니었다.

준현이는 손에 꼽을 만큼 성적이 우수하진 않지만, 성실하게 학교생활을 해나가는 아이이다. 학급 임원을 맡고 나서도 열심히 지냈고 그런 준현이를 인정하는 친구들도 많았다. 지금은 성큼 성장해서 대학 입시를 앞두고 있다. 나는 준현이가 어느 대학을 가든, 어떤 일을 하든 다 잘할 거라 믿는다. 근거 없는 믿음이 아니다. 열두살 소년에게서 결코 보기 힘든 당장의 달콤함을 참아내는 모습을 보았기 때문이다.

◎ 만족 지연 능력을 길러주는 3단계 대화법

만족 지연 능력은 후천적 학습에 의해 습관으로 자리 잡는다. 그만큼 장시간에 걸친 훈련이 필요한데 이때 부모의 역할이 매우 크다.

① 1단계: 마음 읽기

아이 마음을 읽어주는 것이 우선이다.

"재미있는 게임인가 보구나. 멈추고 싶어도 힘들 때가 많지?"

② 2단계: 통제와 함께 이유 설명하기

통제하는 약속이나 규칙이 있다면 이유를 함께 설명해야 한다.

통제 “정해진 시간을 넘겨 게임을 하는 건 곤란해.”

이유 “지금은 몸과 마음이 무럭무럭 자라는 시기야. 특히 머리는 적응력이 매우 뛰어나지. 이 시기에 게임을 너무 오랜 시간 하면 뇌가 게임에 적응하게 된단다. 뇌 신경세포가 변하는 거지. 그러다 보면 하고 싶은 마음을 자기가 조절하기 힘들어진단다. 그렇게 되지 않도록 하루 한 시간 이상은 하지 않도록 노력해보자. ‘거실에서만 하고 방에서는 하지 말자’라고 게임 허용 공간을 정하는 것도 약속을 지키기 쉬울 거야. 혼자 힘으로 조절하기 어렵다면 언제든지 말해줘. 우리 뇌가 기분 좋은 행동을 방해받는다고 느끼면 혼자 힘으로 조절하기 어려울 수 있거든. 우리 같이 뇌의 명령에 속지 않도록 노력하자!”

③ 3단계: 대안 제시하기

부모가 적극적으로 도와야 할 단계다. 아이는 게임 말고 다른 재밋거리를 몰라서 게임에 집착할 수도 있다. 건전한 여가활동을 즐길 수 있도록 대안을 제시해야 한다. 몇 가지 체험을 해보면서 재미를 느끼는 활동에 조금 더 집중할 수 있도록 도와주자. 승부욕을 자극하는 스포츠 활동, 정서를 함양할 수 있는 악기 연주에 도전해보면 좋다.

“같이 보드게임 할래? 나가서 배드민턴 치는 것도 좋아.”

"드럼 치는 거 봐봐. 스트레스가 팍팍 풀릴 것 같지 않니? 드럼 배워볼까?"

◎ 행동을 멈추게 하는 방법

행동을 멈추게 하려면 다른 행동으로 옮겨가도록 도와야 한다. '게임 하지 말아야지, 유튜브 그만 봐야지, 달달한 건 먹으면 안 돼'라는 말을 들으면 오히려 더 하고 싶었던 경험이 있을 것이다. 그만하려고 하면 할수록 더 하고 싶은 게 인간의 심리다. 도대체 왜 그러는 걸가?

하버드대 심리학과 교수 대니얼 웨그너는 대학생들을 두 그룹으로 나눈 후 사고의 억압이 우리 사고에 미치는 영향을 실험했다. A그룹에게는 "5분 동안 머릿속에 떠오르는 단어를 말하되, 흰곰은 생각하지 마!"라고 말했고, B그룹에게는 "5분 동안 똑같이 생각나는 단어를 말하되, 흰곰을 생각해도 돼!"라고 말했다. 두 그룹 모두에게 흰곰이 떠오를 때마다 벨을 더 누르라고 했더니 흰곰을 생각하지 말라고 했던 A그룹이 벨을 많이 눌렀다. 생각을 억제할수록 그 생각이 더욱 떠오르는 현상, 바로 흰곰 효과white bear effect다.

'흰곰'과 같이 하지 말라고 하면 더 하고 싶어지는 게임이나 유튜브 등은 어떻게 멈출 수 있을까? 첫 번째 방법은 다른 것 떠올리기다. 예를 들어 "게임을 끊어야 해!" 대신 "게임이 생각나면 놀이터에 나가자!"라고 하여 게임 대신 놀이터를 떠올리게 한다.

두 번째 방법은 "일단 밥 먹고 생각하자."처럼 행동이나 생각을 미루는 것으로, 지금 당장의 욕구를 잠재우는 방법이다. 이처럼 만족 지연 능력을 기를 때는 무조건 안 된다고 금지하기보다 대안을 제시하거나 생각을 미루는 것이 욕구를 조절하는 데 도움이 된다.

미래학자들은 현재 온라인과 오프라인 비율이 20대 80이라면, 미래는 온라인 비중이 80까지 늘어날 것이라고 말한다. 우리가 무의식적으로 한 클릭이 '데이터마이닝'으로 모이고 알고리즘을 생성한다. 생성된 알고리즘은 우리의 관심사에 딱 떨어지는 유혹거리를 계속해서 눈앞에 대령한다. 당장 클릭하고 싶게 만드는 자극적인 콘텐츠가 넘쳐날 것이다. 그 한가운데서 아이들은 지금보다 훨씬 더 갈팡질팡할 게 눈에 보인다.

그렇다고 해서 아이들에게 핸드폰과 컴퓨터를 사용하지 말라고 할 수도 없다. 인터넷, 유튜브, 게임 등을 등한시하며 변화에 적응하기는 어렵기 때문이다. 시대 변화에 따라 아이들을 유혹하는 달콤함은 마시멜로에서 디지털 기술로 옮겨왔다. 지금 아이들에게 필요한 것은 스스로 절제할 수 있는 힘이다. 당장 하고 싶은 게임과 자극적인 기사를 클릭하며 시간을 허비하지 않으려면 나보다 나를 더 잘 아는 알고리즘에서 벗어나는 조절력이 필요하다.

◎ 마음 읽기에서 멈추면 안 되는 이유

가을바람이 시원한 10월 어느 날, 아파트 단지 안에 있는 한적하고 작은 공원. 대여섯 살쯤 보이는 아이가 엄마와 함께 산책을 나온 듯보였다. 아이는 호기심 가득한 눈으로 공원에 심어진 아기자기한 식물을 들여다보고 있었다. 한창 국화 철이라 하얀색, 노란색, 보라색 국화가 소박하지만 단정한 자태를 뽐내고 있었다.

아이 눈에도 꽃이 예뻤는지 한참을 들여다보고 있었다. 그런 아이 모습에 나조차 눈을 뗄 수 없었다. 그런데 갑자기 아이가 국화꽃을 꺾기 시작했다. 하나, 둘, 셋…. 아이 손이 지나간 자리에는 목이 잘려 나간 국화 줄기만 처참하게 남았다. 국화 정원을 초토화시킨 아이를 엄마는 말리지 않았다. 아이 엄마는 침착하고 태연해 보였다.

"우리 아들, 꽃이 너무 예뻐서 따는 거구나."

"응, 나 이거 다 따서 집에 가져갈 거야!"

"우리 아들은 꽃을 참 좋아하는구나."

"이건 못생겼으니깐 따서 버리고, 저건 예쁘니깐 호주머니에 넣어야지."

아이와 엄마가 머물렀던 자리에는 단정하게 핀 국화가 더는 없었다. 절정이던 가을이 바닥에 나뒹구는 듯보였다.

아파트 단지에 핀 국화는 아이의 것이 아니다. 아니 아이가 직접 키우는 국화였더라도 그렇게 무자비하게 다루면 안 된다. 아이 엄마는 그걸 알면서도 아이의 감정이나 의사를 존중해준 것이다. 이렇게 아이의 감정과 의사를 마냥 존중하는 태도가 바람직할까?

아이 엄마는 아이 마음을 충분히 읽어줬다. 하지만 다음에 이어져야 하는 적절한 통제, 이유 설명하기, 대안 제시하기로 나아가는

데 실패했다. 마음 읽기에서 그치면 아이는 허용과 금지의 기준을 충분히 학습하지 못하므로 훈육도 결국 실패한다.

모든 아이는 연령에 맞는 자기조절력을 키울 수 있다. 자기조절력은 말 그대로 자신의 신체와 감정을 통제하고 조절하는 능력이다. 자기조절력은 근성의 근간이 되기 때문에 후천적으로 꼭 길러줘야 하는 능력이다. 모든 욕구를 행동으로 옮기는 것은 바람직하지 않다. 사회적 규율에 대한 습득은 2·3세가 되면 크게 발달하고, 5세가 지나면 충분히 내면화된다. 아이들은 제 시기에 맞는 규율을 익혀야 한다.

마음 읽기 → 적절히 통제하기 → 이유 설명하기 → 대안 제시하기

"안 돼."라는 말을 남발해선 곤란하지만 진짜 안 되는 행동이라면 단호하게 안 된다고 알려줘야 하고, 이유를 설명해야 한다. 허용과 금지의 기준점을 명확히 정하지 않으면 아이는 행동 반경을 조절하기가 점점 더 힘들어진다. 특히 같은 상황인데 어느 땐 허용하고, 어느 땐 금지하면 아이가 더욱 혼란스러워한다. 이런 일관성 없는 태도가 반복되면 아이는 자기조절력을 배우지 못한다.

"우리 연우, 국화꽃을 좋아하구나. (마음 읽기)

그런데 꽃을 꺾으면 안 돼. (통제하기)

국화꽃이 생명을 잃게 되거든. 죽는다는 거지. 이 꽃이 죽으면 우리는 다시 1년을 기다려야 볼 수 있어. (이유 설명하기)
국화에게 예쁜 꽃을 보여줘서 고맙다고 어루만져주는 건 어떨까? 그럼 내일 또 만날 수 있거든. '국화야, 이렇게 예쁜 꽃을 피우느라 고생했어. 우리 내일 또 만나자.'라고 말해줄까?" (대안 제시하기)

갖고 싶다는 욕구를 이기지 못하고 꽃을 꺾어버리는 아이보다 내일도 예쁜 꽃을 만날 수 있다고 기대하는 아이로 자라도록 도와주자.

◎ '안 돼'가 필요한 순간

자존감이 부각되면서부터 자녀의 자존감을 높이고자 무한 칭찬을 퍼붓는 부모를 곳곳에서 만난다. 자연스럽게 '안 돼'라는 금지어는 금기어로 인식되는 분위기다. 자녀와의 애착에 문제가 생기지는 않을지, 자존감에 금이 갈지도 모른다고 우려하는 것이다.

물론 지나친 통제는 아이에게 부정적인 영향을 끼친다. 하지만 과잉 허용도 아이에게 부정적인 영향을 준다. 단호한 '안 돼'는 아이 스스로 행동과 감정을 조절하도록 도와주는 역할도 한다. "우리 애기 죽을까 봐요."라며 미리 아이의 '기'를 걱정하지 말자. 지나치게 살아있는 '기' 때문에 감당하기 힘들 수 있음을 걱정해야 한다.

'언제나 허용적인 환경'은 참고 기다릴 이유가 없는 '조건이 없는 환경'이다. 즉 스스로 절제하는 힘을 기르기 어려운 환경이다. 폭력, 위험한 행동, 다른 사람에게 폐를 끼치는 행동 등 범사회적 약속에 대해서는 비교적 엄격한 원칙을 제시해야 한다.

① 유아~초등 저학년

유아기부터 초등 저학년 시기까지는 일반적이지만 비교적 엄격하게 규칙을 알려주고 몸소 익힐 수 있도록 도와야 한다.

"다른 사람을 때리는 건 절대 안 돼."

"식당에서 돌아다니는 건 다른 사람에게 피해를 주는 행동이야."

"다른 사람의 물건은 함부로 만져서는 안 돼."

"밖에 나갔다가 집에 돌아오면 손부터 깨끗이 씻는 거야."

② 초등 고학년

초등 고학년에게는 지켜야 하는 일반적인 규칙을 알려주기보다 함께 대화하며 조율하는 과정이 필요하다. 대화를 나누며 부모로부터 하나의 인격체로 인정받고, 스스로 정한 규율을 지키고자 하는 의지도 다질 수 있다.

"게임은 무슨 요일에 하는 게 가장 좋을까?"

"게임 시간을 정해볼까? 일주일에 몇 시간이 적당할까?"

"친구들과 연락을 주고받을 때 단톡방 말고 어떤 걸 이용하면 좋을까?"

◇◇◇◇◇◇◇◇◇◇◇ 무작정 떼쓰는 아이

2학년 예성이는 오랜만에 놀러 간 친구 집에서 신나게 놀고 있다.

"예성아, 이제 집에 가야 할 시간이야. 다음에 또 놀러 오자."

"벌써 간다고? 싫어. 싫다고! 더 놀다 갈래."

더 놀겠다고 떼쓰는 아이와 이제는 집에 가야 한다며 아이 손을 잡아끄는 엄마. 오늘도 이어지는 귀가 전쟁이다.

이런 상황은 아이마다 정도의 차이는 있지만 자연스러운 광경이다. 그만 놀고 집에 가자는 엄마의 말에 "네, 알겠습니다."라며 기다렸다는 듯이 나서는 아이는 드물다. 부모들은 집이 아닌 장소에서는 남들의 시선 때문에 큰소리도 낼 수 없으니 통제할 수 없는 아이의 떼 앞에서 더 곤란을 겪기도 한다. 이쯤되면 '집에 가기만 해봐. 혼쭐을 내야겠어'라는 마음의 소리가 나올 법도 하다.

◎ 자기조절력을 키워주는 규칙 정하기

즐거웠던 외출을 아름답게 마무리할 수는 없을까? 자기조절력이 부족한 아이에게 원인을 돌릴 수밖에 없을까? 친구 집에서 떼를 쓴다면, 마트에서 보이는 것마다 사달라고 한다면, 외출 전에 미리 규칙을 정해서 아이가 지켜야 할 허용선과 한계선을 인지하도록 해야 한다.

"7시까지 놀 거야."

"서로 배려하며 놀아야 해. 다툼이 생길 순 있지만 길어지면 돌아가야 해."

"마트에서는 필요한 물건을 한 가지만 살 수 있어."

규칙을 알려주고 약속을 받아야 한다. 막무가내로 떼를 쓰는 행동에 대해 스스로 생각하며 조절할 수 있도록 말이다. 말로 규칙을 설명하는 것도 좋지만 글로 적어 시각화한 규칙도 효과적이다. 한 가지 규칙이면 말로도 간결하게 설명하고 인지시킬 수 있지만, 두 개 이상이면 기억하기도 어렵고 실천하기는 더 어렵다. 이때는 규칙을 적어서 보여주자. 더욱 강력한 효과를 보려면 글로 옮겨진 규칙을 스스로 읽고 약속을 뜻하는 사인까지 하자.

"이제 집에 가기 10분 전이야."

"5분 뒤에는 집에 가야 하니 정리하자."

"이제 집에 가자."

"무슨 규칙을 정하고 왔더라?"

시간을 주기적으로 알려주거나 수시로 규칙을 상기시키면 감정을 조절하기가 더 쉬워진다. 아쉬움은 절절하지만 그래도 크게 떼쓰지 않았다면 '다 큰 초등학생이니깐 당연하지'라고 그냥 넘기지 말고, 규칙을 잘 지킨 부분에 대해 MSG를 한껏 뿌린 칭찬을 해주자. 잘 지키지 못한 것은 굳이 언급할 필요가 없다. 아쉽지만 잘 지킨 부분을 칭찬하면서 아이가 스스로 자기조절력을 키워가도록 도와주자.

되고 싶은 게 없다는 아이

초등학교에도 진로 수업이 있다. 학년 수준에 따라 다양한 직업군을 알아보거나 미래를 설계해보는 활동, 장래 희망을 발표하는 활동 등을 한다. 진로 수업을 하면서는 아이들에게 커서 뭐가 되고 싶고 어떤 일을 하고 싶은지 물어본다. 해보고 싶은 게 너무 많아서 말하기 힘들다는 아이도 있지만, "되고 싶은 거요? 없는데요."라며 시큰둥한 반응을 보이는 아이도 꽤 있다.

되고 싶거나 해보고 싶은 일을 찾기 어려울 수 있다. 아이들은 자신의 경험치 안에서 미래의 모습을 상상한다. 하지만 아이들이라 다양한 삶의 경험치가 부족하다. 그렇다고 부모가 모든 삶의 모습을 보여주거나 체험시켜주는 것에는 한계가 있다. 미래에 대한 꿈과 목표는 결국 아이의 몫이다.

목표는 살아가는 데 나아갈 방향을 알려주는 안내자와 같다. 목표가 생기면 미래에 대한 막연함이 줄기 때문에 힘들어도 끝까지 해내는 힘, 근성이 생긴다. 그렇다면 되고 싶은 게 없다는 아이를 도와줄 방법은 없을까? 되고 싶은 게 없다고 하면 부모가 적극적으로 개입해야 한다.

적극적 개입은 아이에게 대단한 경험을 제공하라는 말이 아니다. 진로 전문기관을 찾아다니며 성격·적성·진로검사를 받고 로드맵을 짜라는 말도 아니다. 적극적으로 개입해서 진로를 결정해주라는 말은 더욱 아니다. 대화의 시간을 적극적으로 늘리라는 말이다. 진로를 주제 삼아 말이다.

◎ 자신을 알아가는 대화 나누기

되고 싶은 게 무엇이고 목표가 무엇인지 선뜻 대답하지 못하는 이유는 자신을 잘 알지 못해서다. 물론 "커서 뭐가 되고 싶어?"라는 거창한 질문에는 답하기 어려울 수 있다. 하지만 "뭐가 갖고 싶어?"라는 질문에는 갖고 싶은 게 너무 많아 뭘 골라야 할지 고민하느라 대답을 늦출 순 있지만 어렵지 않게 누구라도 대답할 수 있다. 질문은 이렇게 시작해야 한다. 추상적이고 포괄적인 질문보다 사소한 것부터 물어보자. 어렴풋했던 자아의 실체가 명확해지도록 말이다.

① 사소한 행동 관찰하기

자신을 알아가는 과정은 작은 관심에서 출발한다. 아이의 잠재력이나 흥미는 사소한 행동으로 드러난다. 좋아하는 놀이나 책의 종류, 집중력을 보이는 활동이 무엇인지 유심히 관찰하자.

② 새롭게 발견한 모습 이야기하기

아이가 무엇을 좋아하고 잘하는지 부모 눈에는 보이는데 정작 아이는 모르는 경우가 있다. 부모가 발견한 아이 모습을 담백하게 전달하면 아이는 자신이 미처 발견하지 못한 모습을 돌아볼 수 있다. 이때 관찰한 사실을 평가하는 말은 하지 않아야 한다.

예를 들어 독서 감상문을 잘 쓴 아이에게는 "독서 감상문 쓸 때 집중력이 대단하더라. 짧은 시간에 한바닥을 가득 채웠네?", 공부한 내용을 엄마에게 설명하는 아이에게는 "네가 쉽고 자세하게 설명해주니 이해가 쏙쏙 되네!"라고 말할 수 있다.

③ 추상적인 질문보다 구체적인 질문하기

하고 싶은 게 뭐고, 되고 싶은 게 뭐냐는 질문은 다소 막연하다. 일상 속 자신의 모습을 떠올리며 구체적으로 답할 수 있는 질문을 해보자.

"어떤 종류의 책이 흥미롭니? 위인전? 과학 동화? 전래동화?"

"무슨 과목 수업이 가장 기다려지니? 국어? 수학? 음악?"

"자유시간으로 딱 한 시간이 생기면 뭐하면서 시간을 보내고 싶어?"

자신에게 집중하다 보면 막연했던 '나'의 모습이 구체적으로 그려진다. 즐겨 하는 것, 좋아하는 것, 잘하는 것을 구체화시키면 미래의 꿈과 목표를 세우기가 수월해진다. 아이 마음에 귀 기울여보자.

④ "잘하는 게 뭐야?" 대신 "좋아하는 게 뭐야?"라고 묻기

누군가 "잘하는 게 뭐예요?"라고 물으면 바로 대답할 수 있는가? 나는 한참을 주저하고도 자신 있게 입을 열지 못한다. 어른인 나도 이런데 아이들은 오죽할까?

"좋아하는 게 뭐예요?"라고 물으면 어떤가? "꽃 가꾸는 걸 좋아해요, 커피 마시는 걸 좋아해요, 텔레비전 보는 걸 좋아해요, 독서를 좋아해요, 정리하는 걸 좋아해요." 등 대답이 술술 나온다.

아이들도 마찬가지다. 잘하는 게 뭐냐는 직진형 질문은 아이들을 지나치게 겸손하게 만든다. 대다수가 "잘하는 거 없어요."라거나 "잘 모르겠어요."라고 답한다. 대신 좋아하는 게 뭐냐는 질문에는 좋아하는 놀이, 활동, 공부 등을 다양하게 대답한다.

잘하는 일을 직업으로 갖는다면 업무의 효율성이 높아질 수 있다. 하지만 내 아이가 어떤 삶을 살기를 바라는지 떠올려본다면 좋아하는 일의 가치가 달라진다. 나는 아이가 행복하기를 바란다. 사

회적으로 유능한 인재가 되는 것이 행복의 필요조건은 아니다. 좋아하는 일을 할 때 열정적으로 몰입할 수 있게 된다. 잘하는 것만큼 좋아하는 것에도 비슷한 가치를 두자.

◎ 다양한 삶의 모습을 알아가는 대화 나누기

아는 직업이 열 개라면 그 안에서 장래 희망을 꿈꿀 수밖에 없다. 아는 만큼 보이는 게 진로이기 때문이다. 하지만 세상의 모든 유망 직업을 알려주거나 경험시켜주기에는 한계가 있다. 다양한 삶의 모습을 직접 경험해보는 게 가장 좋지만 현실적으로 불가능하다. 대신 진로 대화를 통해 다양한 직업군이 우리 주변에 있음을 간접적으로 알려주자. 사소한 일상을 달리 볼 수 있도록 시각을 넓혀주자.

젤리를 사 먹는 일상의 소비 경험에서 우리 눈에는 보이지 않는 생산자나 판매자의 모습도 함께 떠올려볼 수 있도록 개방적이고 확장된 진로 이야기로 대화의 질을 높여보자. 젤리에서 확장된 다양한 모습 중에서 아이가 '젤리 사는 사람'의 모습, 즉 소비자로서의 모습을 가장 선호하더라도 괜찮다. 진로 대화는 저 중에서 직업 하나를 선택하라는 게 아니라 젤리 하나에도 많은 직업이 얽혀 있음을 알려주는 것이 목적이다.

작은딸 예림이가 학교를 마치고 돌아오자마자 가방에서 젤리를 꺼내 들고 담임 선생님께 받았다며 어깨를 으쓱거렸다. 선생님께 받은 젤리는 평소 먹는 젤리보다 더욱 달콤한 듯 하나를 입에 넣고는 한참을 오물거렸다.

"엄마, 젤리는 어떻게 만들기에 이렇게 맛있어요?"

"글…쎄? 엄마는 젤리를 사먹기만 해서 누가, 어떻게 만들어서 우리 손에 오게 되었는지 잘 모르겠네?"

"멋진 요리사가 만들었겠죠?"

"음…. 요리사가 젤리를 만들기만 해서는 예림이 입속으로 젤리가 들어오진 않겠지? 맛있는 젤리 레시피를 만드는 사람, 그 레시피대로 젤리를 만드는 사람, 젤리 공장을 운영하는 사람도 있어야 하지 않을까?"

"엄마, 젤리를 넣는 비닐봉지도 만들어야 해요. 젤리 봉지를 예쁘게 꾸미는 사람도 있어야 할 것 같아요. 젤리를 파는 사람들도 있어야 해요. 마트 사장님 말이에요."

"또 인터넷으로 판매하는 사람도 있어. 그런데 젤리 공장에서 마트까지 젤리가 걸어가는 걸까?"

"젤리를 배송하는 사람도 있어야겠어요."

"많은 사람이 젤리를 사도록 젤리 광고를 만드는 사람도 있겠지?"

"젤리 하나에 이렇게 많은 직업이 얽혀 있네요. 하지만 저는 젤리를 사는 사람이 제일 좋은 것 같아요. 헤헤."

젤리에서 시작해 아무렇게나 확장된 진로 대화

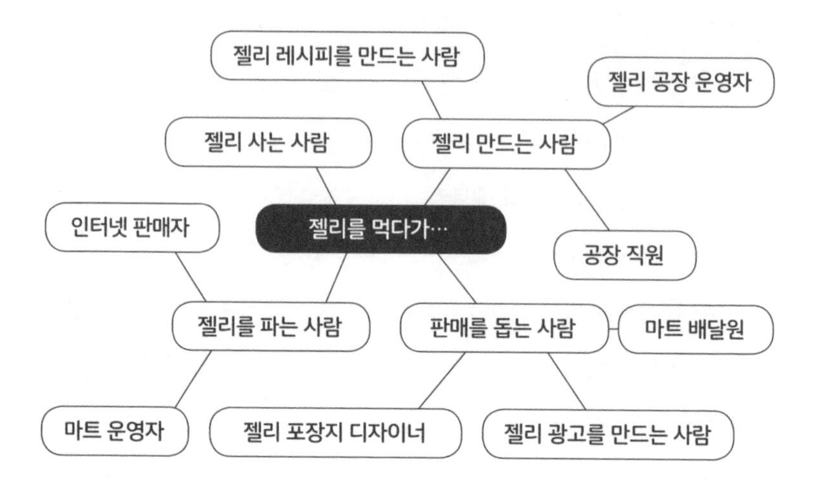

◎ 10년, 20년, 30년 후의 모습을 상상하는 대화 나누기

어릴 적 내 꿈은 교사가 아니었다. 교사가 여자 직업으로는 최고라는 말을 들었을 때도, 교사만큼은 제외하고 싶다고 했으니 말이다. 내가 작가가 되고 싶다고 했더니 주변 어른들은 굶어 죽기 십상이라며 손사래를 쳤고, 카피라이터가 되겠다고 했더니 유명 카피라이터가 되는 길은 험난하고 힘들다고 말했다. 방송 기획을 하고 싶다 했더니 좀 더 안정적인 직업을 찾아보라고 했다. 주어진 여건과 타협한 결과가 교사였다. 교대 원서를 넣으러 가던 날, 하염없이 울었던 기억은 추억이 되었지만 말이다.

결국 나는 교사가 되었지만 생각 이상으로 아이를 가르치는 일이 잘 맞았다. 게다가 나는 지금 교사이기도 하지만 동시에 작가이며 방송도 한다. 내가 꿈꾸던 삶을 느긋한 속도로 하나씩 이루어가는 중이다. 꿈꾸던 일을 할 수 있었던 건 미래의 모습을 상상하며 꿈꾸기를 멈추지 않았기 때문이다.

10년 뒤의 싱그러운 20대를, 20년 뒤의 진취적인 30대를, 30년 뒤의 안정적인 40대를 함께 상상해보게 하자. 엄마나 아빠, 가까운 친인척의 살아온 지난 모습을 함께 공유하는 것도 좋다. 닮고 싶은 누군가의 모습에 자신을 대입시켜 상상하는 것도 훌륭하다. 가까운 사람이 살아온 삶의 흔적이 미래를 상상하는 데 도움을 주기 때문이다.

꿈을 꾼 이후에는 구체적인 실천이 동반되어야겠지만 미래의 모습을 설계하는 것이 먼저다. 행복한 미래를 꿈꾸는 것은 아이의 특권임을 알려주자.

◎ 목표는 계획이 동반되어야 현실이 된다

인생 목표나 장래 희망과 같은 최상위 목표는 삶의 방향을 명확하게 그려준다. 물론 최상위 목표는 조금 추상적일 수 있으므로 '하위 목표'와 '세부 계획'을 함께 만들어나가는 게 좋다. 하위 목표는 궁극적인 목표 지점 사이에 놓인 징검다리 역할을 한다. 그리고 징검다리를 건너기 위한 세부 계획을 세워야 근성을 가지고 한 발짝씩 내디딜 수 있다.

하위 목표는 최상위 목표를 꼭짓점에 두고 있는 연관성이 높은 목표여야 한다. 예를 들어 의사가 되는 게 최상위 목표라면 의대 합격이라는 목표 아래에 '수학 10점 올리기, 토플 시험 도전하기' 등과 같은 하위 목표를 적는다. 그리고 '수학 오답 노트 만들기, 수학 문제집 두 장씩 풀기, 매일 영어단어 열 개 외우기'와 같이 성적을 올리기 위한 세부 계획을 적어본다.

최상위 목표 (미래 지향적)	의사 되기(의대 합격)	
하위 목표 (미래 지향적)	수학 10점 올리기	토플 시험 도전하기
세부 계획 (현재 지향적)	수학 오답 노트 정리하기 문제집 두 장씩 풀기	매일 영어 단어 열 개 외우기 영어 인터넷 강의 듣기 토플 모의고사 응시하기

◇◇◇◇◇◇◇◇◇◇◇ 포기가 빠른 아이

3학년 재현이는 "그만할래요.", "못하겠어요."를 입에 달고 산다. 줄넘기 백 번 뛰기를 하면 열 번 정도 뛰고는 그만하겠다며 바닥에 털썩 주저앉는다. 매일 영어 단어 열 개를 외울 때도 비슷하다. 한두 단어를 외우는 듯하다가 금세 싫증낸다. 재현이 엄마는 근성은커녕 남들 반만이라도 따라 했으면 좋겠다며 하소연한다.

3학년쯤 되는 아이들이 줄넘기 백 번쯤은 거뜬히 뛴다는데 우리 애는 줄에 걸리기도 전에 포기하고, 영어 학원에서 같은 레벨 아이들은 영어 단어 열 개쯤은 식은 죽 먹기처럼 외운다는데 우리 아이는 한두 개만 외우고는 힘들다며 그만하고 싶어 하니 한숨이 절로 나온다. 포기가 남다르게 빠른 재현이에게 근성을 길러주려면 어떻게 해야 할까?

남들 반만이라도 따라 갔으면 하는 재현이 엄마에게서 해답을 찾을 수 있다. 목표를 남들이 하는 반만큼 잡으면 된다. 재현이에게 필요한 건 스스로 통제 가능한 적당히 도전할 만한 과제다. 자신의 능력을 넘어선 일이라고 판단되는 과제는 아이를 주저하게 만든다.

◎ 과제를 제시할 때 주의할 점

부모가 과제를 제시할 때는 다음 세 가지를 주의해야 한다.

① 아이의 능력을 과대평가하지 말자

과제의 수준과 양을 아이의 눈높이에서 정해야 한다. "요 정도는 할 수 있겠지."에서 '요 정도'는 어느 정도일까? 부모가 보기에 괜찮은 정도가 아니라 아이가 보기에 괜찮은 정도라야 한다. 아이를 과대평가하면 딱 그만큼 아이는 포기한다. 특히 재현이처럼 포기가 빠른 아이라면 아이 능력보다 조금 낮은 수준과 양으로 과제를 제시해야 한다. 그래야 성공할 수 있고, 그래야 조금씩 늘려갈 수 있다.

② 주변 분위기에 휩쓸리지 말자

“초 2 정도면 파닉스는 물론이고 AR 지수는 적어도 2.5 이상은 되어야 해요.”, “초 3 정도면 브릭스 리딩 250을 부담 없이 읽어야 해요.” 맘카페에는 ‘이 시기에는 이 정도 수준은 해야 한다’라는 공식이 존재하며, 정해진 수준보다 낮으면 아이를 신랄하게 평가한다. 그런 글을 읽으면 당장 우리 아이 AR지수를 확인해봐야 할 것 같고, 들어보지도 못한 브릭스 리딩을 사야만 할 것 같다.

속세에 초탈한 장자라도 제 자식의 수준을 놓고 왈가왈부하는 맘카페 속 댓글에는 흔들릴지도 모른다. 아무리 많은 사람이 그럴듯한 근거를 들어 이래야 한다, 저게 맞다며 훈수를 두더라도 기준은 내 아이여야 한다. 남의 아이 기준에 흔들리지 말자.

③ 느리게 바뀌어도 만족하자

다른 집 애들만큼 아니 반만이라도 따라 갔으면 좋겠다는 심정이라면 아이가 180도 바뀌길 기대하지 말자. 눈에 띄는 변화는 단기간에 나타나지 않는다. ‘현실적인’ 변화란 지금의 모습에서 반보 앞으로 나아가는 변화, 일정 기간이 지나 또다시 반보 앞으로 나아가는 점진적인 변화다. 느리지만 조금이라도 바뀌고 있다면 박수를 아낌없이 보내자.

◎ 시작은 낮은 수준의 과제로, 조금씩 수준 높이기

하루에 영어 단어를 세 개나 외울까 말까 하는 아이에게 열 개를 외우라고 하거나 줄넘기를 열 번만 뛰어도 헉헉거리며 딴청을 피우는 아이에게 백 번 뛰기를 목표로 삼자고 하는 건, 도움닫기를 할 디딤판도 없이 뜀틀을 뛰어 넘으라고 하는 것과 같다.

아이의 수준에 비해 목표가 높다면, 아이를 다그칠 게 아니라 목표를 수정해야 한다. 목표를 향해서 발 구르기도 하고, 디딤판에서 힘차게 도움닫기도 하며 점진적으로 나아가야 활동에 몰입할 수 있다. 포기가 반복되지 않도록 말이다. 포기가 반복되면 무기력해지고, 무기력은 근성을 방해한다.

◇◇◇◇◇◇◇◇◇◇◇ 바라기만 하는 아이

큰딸은 키가 작은 편이고, 작은딸은 키가 큰 편이다. 두 살 차이지만 키 차이는 나이에 비례하지 않는다. 함께 나가면 "어머, 쌍둥이인가 봐요? 아니면 연년생이에요?"라는 말을 자주 듣는다. 동생과 자꾸 비교당하다 보니 큰딸은 키에 민감할 수밖에 없다.

큰딸은 새 학년이 되면 자기보다 더 작은 친구가 몇 명인지를 꼭 센다. 해마다 올해 목표로 '키 7cm 자라기'를 적는 걸 보면 작은 키가 콤플렉스인 건 틀림없다. 그런데 올해 목표를 다이어리에 큰

글씨로 적고 훌쩍 자란 멋진 모습을 상상하면 원하는 만큼 키가 자랄까?

몇몇 자기계발서는 내가 원하는 일을 간절하게 상상하면 목표가 마법처럼 이루어진다고 말하기도 하고, 목표를 백 번 필사하면 이루어진다며 구체적인 지침을 알려주기도 한다. 원하는 학교에 진학하거나 장래 희망을 이루는 상상, 다가오는 평가에서 좋은 성적을 받는 상상을 되풀이하면 정말 원하는 대로 이루어질까?

긍정적인 미래를 상상하는 것은 아이의 의욕을 높일 수 있지만, '간절히 바라면 이루어질 거야'와 같은 무조건적 낙관주의는 오히려 아이를 절망의 나락으로 떨어뜨리기도 한다. 잔뜩 기대하고 희망에 부풀었는데 원하는 결과가 나오지 않으면 절망하고 쉽게 포기하는 게 사람이다. 아이라고 다르지 않다.

◎ 행복한 상상은 상상에 그칠 뿐이다

뉴욕대 심리학과 교수 가브리엘 외팅겐은 취업에 성공하는 상상에 빠진 학생일수록 오히려 구직률이 떨어지고 보수도 적게 받는다는 연구 결과를 발표했다. 캘리포니아대 심리학과 교수인 셸리 테일러는 학생들에게 중간고사에서 높은 점수를 받는 장면을 상상하도록 지시하고 그들의 성적을 추적했다. 결과는 높은 점수를 받는 상상에 매달린 학생들의 점수는 오르기는커녕 오히려 떨어졌다.

외팅겐은 이런 목표를 '긍정적 환상positive fantasizing'이라고 불렀다. 그리고 그는 낙관적인 미래만을 상상하며 그 미래 또는 목표를 달성하도록 도와줄 구체적인 계획과 필연적으로 발생할 장애물을 고려하지 않는다면, 상상하는 미래는 결코 찾아오지 않는다고 말했다.

◎ 목표만큼 계획이 중요하다

뉴욕대 심리학과 교수 피터 골위처와 취리히대 심리학과 교수 베로니카 브란트스타터도 구체적인 계획의 중요성을 보여주는 연구 결과를 발표했다. 실험은 크리스마스 연휴를 앞둔 대학생들을 두 그룹으로 나누어 목표 달성 정도를 파악하는 것이었다.

A그룹은 연휴 동안 어떤 일을 할 것인지 단순하게 적었고, B그룹은 연휴 동안 해야 할 일을 언제, 어디서, 어떻게 할 것인지 구체적으로 적었다. 목표만 적었던 A그룹 학생은 이후 23%만이 목표를 달성했다. 반면 구체적인 세부 계획을 세웠던 B그룹학생은 82%가 목표를 달성했다.

◎ 장애물 극복 계획까지 생각하라

'키 7cm 크기'라는 목표가 행복한 상상에 그치지 않으려면 목표 아래에 구체적인 계획을 적어야 한다. 그리고 동시에 계획을 방해할 장애물도 함께 떠올려야 한다.

목표 실현 = 구체적인 계획 + 장애물 극복 계획

나는 "예설아, 네가 적은 목표대로 키가 클 수 있는 방법을 알려줄까? 다이어리에 몇 줄만 더 적으면 돼."라고 말했다. 나중에 큰딸의 다이어리를 슬쩍 보니 '키 7cm 자라기' 아래에 세부 계획과 장애물이 함께 적혀 있었다. 물론 키는 유전의 영향이 크기 때문에 노력한다 해도 원하는 만큼 자라지 않을 수 있다. 그래도 누가 아는가? 유전의 힘보다 생활 습관이 더 큰 영향을 줄지 말이다.

키 7cm 자라기

1. 일찍 자기 (10시 전에)
2. 골고루 먹기 (특히 멸치, 우유, 고기)
3. 매일 30분 운동하기 (트램펄린 10분, 줄넘기 백 번, 인라인이나 자전거 타기)

장애물 극복 방법

1. 9시부터 잘 준비하기
2 우유가 먹기 싫을 땐 코코아 가루 뿌려 먹기
3. 운동하기 싫을 땐 엄마 따라 요가하기

구체적인 과정이 생략된 근거 없는 낙관적 상상은 목표 달성을 희미하게 할 뿐이다. 의식적으로는 긍정적인 결과를 확언하지만,

내면에 감춰진 무의식에서는 '정말 가능할까?'라는 의심이 생기기 때문이다. '나는 이렇게 살고 싶어'와 '나는 이렇게 살 거야'는 차이가 확실하다. 상상하지 않고 바라기만 한다면, 상상하는 대로 이루어지기 힘들다. 간절히 바라는 것을 이루기 위한 '계획'을 세울 수 있도록 방향을 잡아주자.

◎ 실천 가능한 계획표 작성 방법

끝이 보이지 않는 코로나로 학교를 간 날보다 집에서 뒹군 날이 더 많다고 느껴지는 나날이었다. 학교를 몇 번이나 다녀왔다고 벌써 방학을 알리는 안내장이 도착했다. 40일이 넘는 방학 기간을 조금 더 계획적으로 보내려면 생활계획표가 필요했다.

나는 진부한 방학 계획표 만들기에 재미를 더하려고 컴퓨터를 사용하도록 했다. 주간 스케줄러 기본 틀에 글자만 타이핑하는 단순한 작업이지만, 아이들은 재미있는 계획 세우기 놀이로 여기는 듯했다. 아이들은 꽤 있어 보이는 생활계획표를 눈에 띄게 붙이고는 한껏 열의에 부풀었다.

① 주 단위 계획표에 요일별 활동 정리하기

방학 생활계획표 하면 으레 시계 모양의 둥근 틀에 불공평한 피자 조각 나누듯 원의 중심에서 반지름을 좍좍 그은 형태를 떠올릴 것이다. 그런 틀은 50여 년 전에나 유용한 계획표다. 요즘 아이들은 요일마다 일정이 다르다. 월요일에는 학습지 선생님이, 화요일과 목요일에는 피아노 학원에 간다. 하나의 틀에 매일 똑같은 일상을 적어야 하는 시계 모양 틀은 요즘 아이들에게 어울리지 않는다.

② 활동 양 계획하기

요일별 활동을 정하는 것만큼 중요한 것이 양을 계획하는 것이다. 공부는 학습량이 될 것이고 운동은 운동량이 된다. 드물지만 공부에 열정이 불타는 아이라면 학습량을 매일 영어 단어 백 개 외우기, 매일 수학 한 단원씩 풀기와 같이 초현실적으로 잡을 수도 있다. 또 살을 빼거나 키를 키우고자 하는 의지를 과하게 담아 매일 줄넘기를 천 개 하겠다거나 운동장을 열 바퀴 돌겠다고 운동량을 설정하기도 한다.

과연 꾸준히 실천할 수 있는 계획일까? 많은 아이가 이 부분에서 실천 불가능한 양을 설정한다. 가급적이면 평소 하는 양과 비슷하거나 약간 높은 수준으로 설정하자.

③ 활동 소요 시간 예상하기

"예설아, 연산 문제집 푸는 데 한 시간을 잡아 놨네? 우리 딸, 연산 문제집 금방 푸는 것 같던데…. 한 시간씩이나 걸렸었나?"

"그러네요? 한 시간은 안 걸릴 것 같기도 해요. 풀고 채점하면…. 음…. 대충 30분 정도?"

아이가 계획표를 작성할 때 활동에 걸리는 시간을 스스로 가늠할 수 있어야 한다. 이 부분이 굉장히 중요하다. 평소 30분이면 할 수 있는 연산 문제집 두 장을 푸는 것을 한 시간으로 잡아놓는다면, 자신의 능력이나 수준을 정확하게 알지 못하는 것이다. 이럴 때는 아이에게 한바닥 푸는 데 몇 분이 걸리는지, 결국 두 장을 푸는 데 몇 분이 걸릴지 예상할 수 있도록 도와야 한다. 활동에 드는 총 시간과 아이에게 주어지는 여유 시간의 적정 비율을 가시화시키고, 할 일을 제때 끝내지 못하면 금쪽같은 여유 시간이 점점 줄 것이라고 미리 짐작할 수 있도록 한다.

우리는 이따금 성공한 사람이 이루어낸 훌륭한 결과에 열광한다. 하지만 그 결과를 만들어내기까지 걸린 시간과 노력은 큰 관심을 받지 못한다. 세계적인 작가 조앤 롤링의 스테디셀러 〈해리포터〉 시리즈를 보며 그녀의 무명 시절의 노력을 떠올리지 않는 것처럼 말이다.

지능이 원석이라면 근성은 보석이다. 땅속 깊이 박혀 있는 원석을 지면 위로 캐낼 수 있어야 한다. 발견한 원석, 즉 선천적 재능은 부단히 갈고 닦아야 비로소 보석이 된다. 보석은 타고남이 아니라 탁월성에 의해 결정되는 것이다. 탁월해지려면 부단히 갈고 닦아야 하는 '근성'이 필요하다. 보석이 되는 데는 지름길이 없다.

근성은 지속성이다. 근성은 변덕스럽지 않고 한결같은 성질이다. 옆걸음질 치거나 다른 곳으로 가지 않고, 목표를 향해서 작은 걸음이라도 나아가려는 태도다. '시작'보다 '지속'이, '탁월함'보다 '꾸준함'이 원석을 보석으로 만든다는 사실을 기억하자.

공부도 성공 경험이 쌓여야 잘한다

근성이 습관으로 굳어야 매일 해나갈 수 있다

나는 학부모 대상 강연에서 초등학생이 매일, 꾸준히 해야 하는 공부 세 가지로 매일 읽기, 매일 쓰기, 매일 수 감각 익히기를 강조한다. 학부모님들은 이 세 가지가 중요하다는 건 충분히 공감하지만 '매일'을 실천하기란 현실적으로 쉽지 않다고 한숨을 내쉰다.

"매일 연산 문제집 두 장씩 풀어야지."

"숙제 다 했어? 숙제부터 해야 TV 볼 수 있어."

하나부터 열까지 지시한 뒤, 매의 눈으로 감시까지 하려니 여간 고통스러운 게 아니다. 부모의 지시와 감시를 견뎌야 하는 아이들도 지긋지긋한 건 매한가지다. 알아서 공부하고, 시키지 않아도 숙제하는 아름다운 아이의 모습은 남의 집 이야기일 수밖에 없을까?

'매일 공부'도 근성에 바탕을 둔다. 읽는 것이 좋아서, 쓰는 것이 좋아서, 연산 문제 푸는 것이 좋아서 알아서 척척 한다면 더할 나위 없겠지만, 현실 속 평범한 아이들 중에는 찾기 어렵다. 그렇다고 '그래, 군소리 없이 알아서 하는 애들은 없지'라며 넋 놓고 있자니 가슴 한편이 불편하다.

공부 근성을 기르는 법

공부는 원래 즐겨할 만하지 않다. 좋아서 하는 숙제도 드물다. 공부보다 노는 게 훨씬 재미있지 않은가. 결국 참으면서 해야 하는 게 공부다. 그렇지만 하다 보면 재미를 느끼기도, 흥미를 발견하기도 하는데, 이것도 공부의 역할이다. 공부는 결코 부모가 대신해 줄 수 없는 영역이다. 일타 강사를 물색하고, 괜찮다는 참고서를 사주는 것도 자녀가 공부를 지속해야 쓰임이 생긴다. 공부에서 무엇보다 중요한 건 끝까지 공부하는 힘, 공부 근성이다. 공부 근성을 길러주기 위한 방법을 알아보자.

◎ 시간보다 분량이 기준이다

어떤 아이들은 학습 계획을 세울 때, 영어 공부 한 시간, 수학 공부 한 시간과 같이 시간을 기준으로 삼는다. 하지만 학습 분량을 기준으로 삼아 계획을 세우는 게 더 바람직하다. 분량을 기준으로 작성한 학습 계획의 예시를 살펴보자.

교과	학습 분량	예상 시간	실제 시간	내 확인
영어 리딩 교재	집중 듣기 3회, 음독 1회, 묵독 1회, 리딩 문제 풀기	1시간	40분	○
영어 독서	ORT Level 8 2권 읽기	1시간	10분	○
수학 연산	분수의 덧셈과 뺄셈 연산 문제집 2장 풀기	30분	10분	○
수학 교과 기본	기본서 23~25쪽 풀고 오답 정리하기	30분	40분	○
수학 사고력	사고력 문제집 도형 단원 67~70쪽 풀고 오답 정리하기	1시간	20분	○
글쓰기	독서록 1편 쓰기	30분	20분	○

교과마다 공부할 내용과 학습량을 구체적으로 적어야 한다. 그 다음은 공부하는 데 걸리는 시간을 예상해보게끔 한다. 학습량에 따른 소요 시간을 예상해보는 능력은 메타인지에 해당하는데, 메타인지가 발달한 아이는 학습량에 필요한 시간을 꽤 정확하게 예

상한다. 어리거나 학습 계획을 세워본 경험이 부족하다면, 처음에는 예상 시간과 실제 시간의 차이가 클 수밖에 없다. 하지만 여러 차례 시행착오를 거치며 계획을 세우고 실천하는 과정에서 메타인지는 길러진다.

◎ 나눠서 공부하라

계획된 학습량을 한자리에 앉아서 해내기란 누구라도 쉽지 않다. 오랜 시간 앉아서 집중력 있게 공부하기를 바라는 건 부모 욕심이다. 오랜 시간 책상 앞에 앉아 있는 아이 모습이 무척 아름다워 보일 순 있지만, 초등학생이라면 한 가지 공부를 오래 하는 것보다 조금씩 나눠서 하는 게 효과적이다.

평균적으로 연령이 어릴수록 한 번에 집중할 수 있는 시간이 짧다. 그러나 한 가지 공부는 집중해서 한 번에 마무리할 수 있도록 습관을 들이자. 예를 들어 연산 문제집 두 장을 풀어야 하는데 한 바닥 풀고 한참을 쉬었다가 다시 한 바닥을 푸는 것은 곤란하다. 연산 문제집 두 장은 다 풀고 자리에서 일어나야 한다. 만약 두 장을 한꺼번에 풀기 힘들어하면 분량을 조절해야 한다. 며칠은 한 장으로 풀다가 한 장 반, 두 장 식으로 조금씩 분량을 늘려보자.

◎ 매일 성공 경험을 쌓는다

공부 근성을 길러주는 첫걸음을 내딛었다면, 이제 성공 경험을 쌓을 차례다. 파이팅 넘치게 많은 양을 학습하고는 이내 지쳐버리면 패배감만 남는다. 적은 양이라도 해냈다는 성공 경험이 많은 분량을 공부하는 것보다 더 중요하다. 비록 엉덩이를 붙이고 앉아 있는 시간이 짧더라도 매일 꾸준히 공부한 경험은 습관이 된다. 매일 책 한 권 읽기, 매일 세 줄 글쓰기, 매일 연산 문제집 두 장 풀기의 성공 경험이 누적되어야 나중에 더 많은 양과 어려운 과제를 해나갈 수 있다.

◎ 분량을 채웠다면 평가 대신 칭찬한다

빨리 놀고 싶은 마음에 세 줄 글쓰기를 10분 만에 대충 쓰고 "다 했다!"를 외치더라도 "이게 뭐야? 다시 적어."라며 채근하지 않아야 한다. 빨리 놀고 싶은 마음에 해야 할 일을 먼저 했다는 것도 칭찬받아 마땅하다. 공부 근성을 길러주는 첫 단계에서 필요한 것은 '완벽'보다는 '완성'의 경험이다.

부모는 얼마나 잘했는지 검사하는 평가자가 되지 않아야 한다. '이 정도쯤은 거뜬히 할 수 있구나'라며 완성했음에 칭찬해야 한다. 여러 번의 성공 경험을 통해 아이도 '이쯤이야'라는 공부 자신감이 생겼을 때 분량도 늘리고, 정확도나 정교함도 키울 수 있다. 생각보다 어렵지 않은 공부, 예상보다 빨리 끝난 공부는 공부 자신감을 높인다. 이런 부모의 칭찬과 계획을 완수한 성공 경험은 공부 근성을 다지는 밑바탕이 된다.

◇◇◇◇◇◇◇◇◇◇◇◇ 공부 근성을 습관으로 굳히는 방법

주말을 맞이하여 식구들과 영화관 나들이에 나섰다. 영화관에 들어서자 고소한데 달콤하기까지 한 팝콘 냄새가 코를 자극했다. 영화에는 팝콘이라며 아이들은 아빠와 함께 팝콘을 사왔다. 제일 큰 팝콘 통에 넘칠 만큼 담겨 있는 팝콘을 보고 나는 참지 못하고 남편에게 쏘아붙였다.

"몸에 좋지도 않은 팝콘을 이렇게 큰 통에 담아오면 어떡해요! 영화 다 보고 나면 애들 저녁 먹여야 하는데, 팝콘으로 배를 채우면 밥 들어갈 배가 남아 있겠어요?"

남편과 아이들은 통에 담긴 팝콘을 반만 먹겠다고 입을 맞춰 약속했다. 영화 상영이 끝나고 깜깜했던 영화관에 조명이 켜졌다. 반만 먹겠다던 약속이 무색하게 빈 팝콘 통만 덩그러니 남아 있었다. 아는 것과 행동하는 것은 별개였다.

◎ '하지 마'라고 말하는 대신 환경 점검하기

집에 초콜릿과 사탕을 가득 사두고 "간식은 몸에 해로워. 먹지 마!"라고 말하거나, 핸드폰을 끼고 다니는 아이에게 "핸드폰 그만 보고 책 좀 봐!"라고 말하지 않았는지 되돌아보자. 마치 큰 통에 넘칠 만큼 팝콘을 담아주고 "많이 먹지 마!"라고 말한 나처럼 말이다. 완벽한 언행 불일치의 상황이다.

해로운 간식을 먹지 않기를 바란다면, 집에 몸에 해로운 간식이 없어야 한다(혹시 있다 하더라도 꼭꼭 숨겨놔야 한다). 핸드폰 게임 대신 책 읽기를 바란다면 아이 손에 핸드폰 대신 책이 있어야 한다. 팝콘을 반만 먹기를 바랐다면 반은 미리 버렸어야 한다. '먹지 마', '하지 마'라고 말하는 대신 유혹 거리를 제거하는 게 우선이다.

재미있는 TV 프로그램이나 유튜브 영상, 달콤한 초콜릿과 같은 치명적인 유혹과 그 유혹에 저항하려는 의지 사이에는 강력한 스트레스를 유발하는 '갈등'이 존재한다. 유혹을 만날 때마다 저항하고자 하는 강한 스트레스는 되도록 줄이는 것이 바람직하다. 아이들은 명령, 강제, 요구, 금지의 행위보다, 자연스럽지만 의도된 환경에 긍정적으로 반응한다.

'초콜릿과 젤리는 먹으면 안 돼'라는 '금지'로 아이들 손에서 해

원하는 행동	의도된 환경
"초콜릿 먹지 마."	초콜릿 버리기(숨기기), 몸에 좋은 간식 비치하기, 작은 접시에 간식 담아주기
"유튜브 보지 마."	핸드폰 사용 시간 설정하기 키즈폰이나 2G폰 사용하기
"책 많이 읽어."	활동 공간에 도서 비치하기, 도서관 이용하기
"이 문제집 다 풀어."	할 분량을 낱장으로 주기

로운 간식을 뺏기보다는 간식을 눈 앞에서 제거하거나 해로운 간식 대신 몸에 좋은 간식을 두는 게 효과적이다.

음식 양이 많으면 많이 먹을 수밖에 없고, 가까이 있으면 손이 갈 수밖에 없다. 팝콘 통이라는 환경이 가져오는 무의식적인 행동을 꼭 기억해야 한다. 원하는 행동이 있다면 주어진 환경이 그 행동을 하는 데 적합한지 확인부터 해야 한다. 아이를 둘러싼 환경 중 중요하지 않은 환경은 없다. 환경의 중요성을 강조할수록 부모는 부담되겠지만, 환경을 조금 더 의미 있게 구성할 수 있는 노력은 반드시 필요하다.

◇◇◇◇◇◇◇◇◇◇◇ 최고의 공부 환경 만들기

"예서 방 좀 볼까요? 문도 등지지 않고 책상 위치 좋습니다."

"문을 등지고 있으면 심리적으로 불안하고 집중력이 떨어진다고 해서요."

"책상을 뒤쪽에 두신 것도 잘하셨습니다. 햇빛이 잘 비치지 않아야 공부할 때 집중력이 좋아지거든요. 예서, 여긴 자주 사용하니?"

"네, 스탠드 책상에서도 집중 안 된다 싶으면 들어가요. 완전 독서실 같거든요."

"굿. 어머니, 이 방에다 교실에서 쓰는 책걸상 하나 더 넣어주세요, 시험 환경과 비슷한 곳에서 실전처럼 연습해야지요. 그리고 아주 잘 보이는 곳에 스톱워치도 벽에 걸어주세요. 문제 푸는 시간을 체크해야 하니까요. 습도는 항상 20도에서 23도를 유지해주시고요. (중략) 벽에 쓸데없는 건 다 떼시고 몬드리안의 그림을 걸어주세요. 집중력이 높아지고 뇌운동이 활발해지는 데 도움을 주거든요."

열심히 노력한 만큼 성과를 얻는 능력주의가 어쩌면 허황된 꿈일 수 있다는 한국의 현실을 적나라하게 보여준 드라마 〈스카이 캐슬〉의 한 장면이다. 재력과 권력을 앞세워 입시 코디네이터 김주영 선생의 도움을 받게 되는 예서. 예서의 공부 환경을 점검하기 위해 김주영 선생은 예서네 집에 방문하고, 공부 환경에 대한 세밀한 조언을 한다. 가로 1.1m 세로 1.8m 정도의 좁은 공간, 심지어 문까지 달린 작은 박스형 공간인 스터디부스를 보고 김주영 선생은 '굿'이라 피드백을 한다.

물론 그 스터디 부스는 집중을 높이는 공간일 수 있다. 하지만 그 공간은 주변의 소음도 차단되는 환경이다. 조용한 환경에서 잠깐씩 공부하는 것은 좋지만 장시간 그런 곳에서 공부하는 것은 큰 도움을 주지 못한다. 아이들이 시험을 치르는 환경, 학교에서 공부하는 환경은 소음이 모두 차단된 공간이 아니다. 조그마한 소리에도 집중력이 깨지지 않는 그런 공간에 노출될 필요가 있다.

◎ 학습 환경부터 준비하라

미즈 앙 플라스mise en place라는 프랑스어가 있다. '제자리에 놓다'라는 의미로 요리사가 주로 사용하는 말이다. 모든 재료와 도구가 제자리에 놓여야 제대로 된 요리를 시작할 수 있다는 뜻이다.

예능 프로그램에서 요리에 소질이 없거나 요리 경험이 부족한 연예인이 어설프게 요리하는 모습을 떠올려보자. 볶음밥을 하기 위해 기름을 두르고는 급히 재료를 가지러 냉장고로 향하는 장면, 냉장고에서 꺼낸 재료를 큼지막이 다져 기름에 볶다가 소금을 찾느라 찬장을 뒤적거리는 장면, 그러다가 불에 올려둔 재료를 태우는 장면, 제대로 된 요리가 나올 리 만무하다.

어설픈 초보 요리사는 요리에 필요한 일련의 과정을 떠올리지 못한다. 모든 재료와 도구를 준비하고, 요리에 필요한 절차를 머릿속에 그려봤다면 다음 재료나 도구를 찾느라 허둥대는 방해 요소가 생기지 않을 것이다. 초보 요리사는 아직 그 정도 실력이 아니다. 당연히 볶음밥이라는 '목표'에 오롯이 집중할 수 없다.

초보 요리사와 집중력이 부족한 아이의 공통점을 찾아보자. 공부를 시작한 지 몇 분이 채 지나지 않아 지우개를 찾느라, 마실 물을 떠 오느라, 화장실에 가느라 허둥대는 모습이 초보 요리사의 모습과 흡사하다. 일련의 학습 과정을 머릿속으로 그려봄으로써 필요한 것들을 미리 준비해둘 수 있는 능력은 비단 요리뿐만이 아니다. 학습 효율을 높이기 위한 미즈 앙 플라스를 마련하는 방법을 알아보자.

"선생님, 우리 진아는 책상 앞에 오래 앉아 있는데 도대체 진도가 안 나가요."

학기 초 학부모 상담에서 진아 엄마가 털어놓은 고민이다.

"진아가 가정에서 어떻게 시간을 보내나요?"

"학습지를 하거나 만들기, 그리기, 책 읽기도 해요. 30분 정도는 제가 허락해서 유튜브를 보기도 해요."

"진아가 학습지, 만들기, 그리기, 책 읽기를 어떤 장소에서 하나요? 같은 공부방과 책상에서 하나요?"

"네, 책상 앞에 앉아 무언가를 만들고 그리기도 하고요, 유튜브도 주로 자기 공부방에서 봐요."

진아가 오랜 시간 책상 앞에 앉아 있는데도 진도가 나가지 않는 이유를 알아차렸는가? 진아의 학습 공간에는 그릴 것도, 만들 것도, 읽을 것도 널려 있다. 게다가 유튜브와 같은 영상물도 제공되는 공간이다. 학습지나 과제와 같은 학습에 집중하려 해도 앉아 있는 공간에 유혹 거리가 넘쳐난다. 고개를 돌리는 곳마다 마시멜로 천지인 곳이다.

인간은 환경의 동물이다. 주변 환경의 영향을 받고 또 주변에 영향을 끼치면서 더불어 살아간다는 뜻이다. 아이가 스스로 책상에 앉길 바란다면 주변 환경부터 둘러보자. 〈스카이캐슬〉 속 예서 공부방 같은 환경은 아니더라도 공부에 집중할 수 있는 환경을 만들 수는 있다. 물리적 환경에 의도적인 변화를 주는 것이 가장 쉽다. 그렇다면 아이의 공부방이라는 물리적 환경을 어떻게 조성하는 것이 좋을까?

◎ **학습 방해 요소 제거하기**

앞에서 소개한 마시멜로 실험은 사실 아이들이 유혹을 떨치기 위해 어떤 기술을 사용하는가에 관한 연구에서 시작되었다. 그 과정에서 만족 지연 능력과 성취도와의 관계를 발견한 것이다. 다시 실험 본연의 목표로 돌아가서 마시멜로의 유혹을 이겨내기 위해 아이들이 사용한 가장 강력한 기술은 무엇이었을까? 바로 마시멜로를 눈앞에 두지 않고 숨기는 것이었다. 즉 마시멜로를 눈 앞에서 없애면 가장 오랜 시간 참고 견딜 수 있었다.

이 실험에서 가장 중요한 발견은 '만족 지연 능력'뿐만 아니라 '환경설정'이었다. 당시 실험 참가 아이들 중 어떤 아이에게는 마시멜로를 보여줬고, 어떤 아이에게는 마시멜로를 보여주지 않았다. 마시멜로가 안 보이는 곳에 있을 때 아이들은 약 10분을 기다릴 수 있었지만, 마시멜로가 눈앞에 있을 때는 고작 6분을 기다렸다. 주어진 '환경설정'에 따라 마시멜로의 유혹을 견딜 수 있는 시간이 달라진다는 것을 시사하는 부분이다.

눈앞에 마시멜로를 둔 아이들 중 가장 오랜 시간 참았던 아이들은 마시멜로에 관한 관심을 분산시키기 위해 자신만의 회피 방법을 사용했다. 예를 들어 시선을 다른 방향으로 돌린다든지, 다른 무언가(노래를 부르거나 손장난과 같은 행동)에 집중하는 행동을 했다. 실험을 설계한 월터 미셸 교수는 '환경설정'이 근성을 높일 수도 있다고 설명한다.

눈앞에 마시멜로를 두고 참으라는 건 너무나 가혹하다. 아이들이 일상생활 속 다양한 인내심 테스트를 모두 통과하기란 불가능하다. 아니 가혹하다. 굳이 마시멜로를 보여주면서 참으라고 할 필요가 있을까? 마시멜로와 같은 유혹 거리를 제거해주면 고통스러운 인내의 시간을 겪지 않더라도 상황을 더 쉽게 극복할 수 있지 않을까?

아이의 주변 환경을 개선해주는 건 아이에게 인내심을 요구하는 것보다 훨씬 쉽다. 아이가 부모의 욕심만큼 '만족 지연 능력'이 크지 않더라도 말이다. 특정 반응이 더 많이 혹은 덜 일어나도록 환경을 바꾸거나 재배열하는 '상황설정'을 공부 환경에 적용해보자.

◎ 내 아이의 학습 방해 요소를 찾아라

공부 환경을 조성하기 위한 첫 번째 단계는 방해 요소를 찾아 제거하는 것이다. '내 아이'의 학습을 방해하는 요소가 무엇인지 떠올려보자. 여기서 '내 아이'라고 강조한 이유는 아이마다 방해 요소가 다르기 때문이다.

평소 잠이 많거나 뒹굴기를 좋아하는 아이라면 침대나 폭신한 소파, 침구류가 방해 요소다. 이 경우에는 침대와 책상을 서로 멀리 둘수록 좋다. 만들기나 그리기를 즐겨하는 아이라면 적어도 공부라는 행위를 할 동안에는 만들기 재료나 그림 도구가 방해 요소다. 그리기 도구는 서랍이나 다른 장소에 넣어두었다가 사용할 때 꺼내 쓰는 게 바람직하다. 책에 빠져 지내는 아이에게는 뒷부분이 궁금해서 미칠 지경인 책도 방해 요소다. 계획한 학습을 마치고, 조금 더 편안한 자세로 휴식과 독서를 할 수 있는 장소를 만들어주자.

마지막으로 핸드폰은 공부방이 아닌 노출된 공간에 두는 것이 좋다. (우리 집 아이는 핸드폰을 주방에 둔다. 나는 핸드폰 충전기를 주방에 뒀을 뿐이다.) 예로 든 방해 요소 이외에 '내 아이'만의 방해 요소를 찾아 '상황설정'을 하고, '내 아이'만의 공부방 환경을 조성해보자.

공부 환경을 조금만 바꿔도 아이들은 자기 자신과의 싸움을 멈출 수 있다. 물리적 환경에서 유혹 요소를 제거해줌으로써 부정적인 욕구도 차단시킬 수 있다. 수험생이 조용한 자기 집을 벗어나 독서실로 자신을 밀어 넣는 것도 여기에 해당한다. 독서실에서 가장 하기 쉬운 일은 공부다. 핸드폰 게임을 하기 힘든 곳이라 의식적으로 공부를 하려고 강제할 필요가 없는 곳이기 때문이다.

매일같이 도서관에 데려갈 수는 없지만 적어도 아이의 내적 갈등을 줄여줄 수 있도록 주변 환경을 바꿔주자.

◎ 공부 환경에 자율성을 주자

공부 환경을 조성할 때는 아이의 의사가 충분히 반영될 수 있도록 아이에게 '자율권'을 넘겨야 한다. 그렇다. 앞서 소개한 그 '자율성'이다. 공간을 직접 변화시키는 것이 물리적 환경의 조성이라면, 아이의 '자율성'을 존중하는 부모의 태도는 심리적 환경을 마련하는 토대가 된다.

자율성을 존중하는 심리적 환경을 조성해주려면 부모 주도로 방해 요인을 제거하기보다 자녀와 대화하며 스스로 방해 요인을 찾아보고, 그것을 어디에 두면 좋을지 결정할 수 있도록 유도하는 게 중요하다. 스스로 방해 요인을 제거한다면 금상첨화겠지만 그런 아이보다 그렇지 않은 아이가 더 많다. 그렇다고 해서 부모가 먼저 나서서 부모의 스타일에 맞게 물건을 치우거나 재배치를 하는 것은 장기적으로 봤을 때는 크게 도움이 되지 않는다.

"그리기 도구는 상자에 넣어두었다가 필요할 때 꺼내 쓰는 건 어떨까?", "푸시팝은 어디에다 둘까? 장난감 모아두는 곳에 넣어둘까? 거실 서랍장 한 칸을 사용해도 괜찮아.", "시계는 어느 벽에 달아줄까?" 이렇게 많은 선택지를 주는 것이 좋다. 대화하고 합의점을 찾아보는 과정에서 아이는 부모로부터 존중받고 있다고 느낀다.

◎ 공부 환경은 유연해야 한다

공부 환경, 특히 공부방이라는 물리적 환경에 관해 이야기했다.

하지만 공부를 반드시 일정한 장소에서만 해야 한다는 고정관념은 버려야 한다. 한 장소에서 오랜 시간 머무르면 지루함과 피로가 유발될 가능성이 있다. 도쿄대 학생들에게 평소 어디서 공부를 했는지 물었더니 거실 74%, 공부방 15%, 기타 11%라고 답을 했다.

거실이 최고의 장소라는 말은 아니다. 다만 공부방이 아니라도 어디든지 공부할 수 있는 따뜻하고 허용적인 가정의 분위기, 자신의 공부방에서 공부하더라도 방문을 열어둘 수 있는 그런 분위기가 가정 내에 마련되어야 한다.

공부 신호 청킹하기

인간이 처리해야 하는 다양한 정보를 한 덩어리로 묶는 과정을 '청킹chunking, 덩이 짓기'이라고 한다. 미국의 심리학자 조지 밀러는 인간이 정보를 기억할 때 정보를 의미 있게 연결하여 묶는 과정을 거치는데, 그 과정을 '청킹'이라고 불렀다. 밀러는 청킹과 더불어 정보를 가장 효율적으로 묶을 수 있는 숫자로 7(±2)을 제시했다. 예를 들면, 조선왕조계보를 '태조-정종-태종-세종-문종…' 식으로 외우면 스물일곱 명을 기억해야 하지만, '태정태세문단세-광인효현숙경영…' 이런 식으로 일곱 명씩 묶어서 외우면 네 개만 기억하면 된다.

청킹은 기억에서 뿐만 아니라 삶을 단순하게 만드는 방법이기도 하다. 매일 똑같은 결정을 내려야 할 때 일련의 사고와 행동 과정을 하나로 묶어 단순화시켜주는 게 청킹이기 때문이다. 식사 후 양치를 하는 행동 과정을 살펴보자.

화장실에 가서 칫솔을 든다. 치약 뚜껑을 열고 칫솔에 치약을 짠다. 다시 치약 뚜껑을 닫고 이를 닦기 시작한다. 앞니, 어금니, 윗니, 아랫니 구석구석 닦는다. 거품이 가득 묻은 칫솔을 씻는다. 칫솔은 탈탈 털어 제자리에 둔다. 물로 입을 여러 차례 헹군다. 입가와 손에 묻은 물기를 수건으로 닦는다. 혹시 양치질이라는 일련의 과정을 거칠 때 치열하게 고민하며 행동하는가? 아마도 의식이 관여한 행동보다 무의식적으로 한 행동이 더 많을 것이다. 바로 청킹이 모든 과정을 하나의 기억으로 묶었기 때문이다.

청킹은 자연스럽게 의도된 행동으로 유도할 수 있는 전략이 될 수 있다. 물론 바람직하지 않은 청킹도 있다. 이른 아침, 핸드폰 알람이 울린다. 눈을 반쯤 뜬 채 요란한 알람 소리를 잠재운다. 이불 속에서 뭉그적거리다가 핸드폰을 손에 든다. 카톡이나 메시지를 열어본다. 인터넷을 열어 밤새 올라온 새로운 기사를 탐색한다. SNS에서 온라인 친구들의 지난밤을 구경한다. 유튜브 알고리즘이 안내해주는 흥미로운 영상을 탐색한다. 갑자기 이성의 뇌가 당장 핸드폰을 내려놓고 일어나지 않으면 지각할지도 모른다고 협박을 한다. 무의식적으로 보고 있던 핸드폰을 끈다. 이 또한 의도하지 않은 청킹이다.

아이의 근성을 길러주려면 전략이 필요하다. 청킹은 근성이 습관으로 굳히도록 도와주는 하나의 전략에 해당한다. 공부라는 행동으로 자연스럽게 유도되도록 청킹을 활용해보자.

◎ 해야 할 공부를 미리 준비해두기

행동은 특정 신호로 인해 도출되는 경우가 많다. 따라서 행동이 시작되는 신호를 만들어야 한다. 예를 들어 다음 날 아침에 해야 하는 수행 과제를 그 전날 밤 책상 위에 펼쳐 준비해둔다. 아침에 눈을 떴을 때 해야 할 과제가 준비된 책상을 본다면, 자연스럽게 책상에 앉는 행동으로 이어질 가능성이 크다.

이때 책상 위에 미리 준비해둔 수행 과제가 신호가 되고, 이 신호로 인해 우리는 책상 앞으로 앉게 되는 것이다. 책상에 미리 준비된 수행 과제와 책상 앞에 앉는 행동은 하나의 청킹으로 묶일 수 있다. 신호와 함께 행동을 묶으면 꼭 해야 하는 공부를 할지 말지 고민하고 실행하는 데 드는 시간을 줄일 수 있다. 공부가 하기 싫다는 스트레스 상황이 자연스럽게 줄어든다.

◎ 음악을 신호로 활용하기

나는 수업 시간, 특히 창작 활동을 해야 하는 시간에 아이들에게 잔잔한 음악을 들려준다. 아침 독서 시간에는 아이들에게 "책 읽어."라고 지시하는 대신 잔잔한 음악과 함께 책 읽는 모습을 보여준다. 아이들은 음악과 본보기라는 신호를 받아들이고 함께 책을 읽는다. 미술 시간에 활동 설명을 마치고 음악을 틀면 아이들은 조용히 작품 활동에 몰입한다. "청소해."라는 말 대신 청소 시간에는 항상 같은 음악을 틀어준다. 강요하는 부모나 교사도, 강요에 따라야 하는 자녀나 학생도 없다. 할지 말지와 같은 고민이나 스트레스 없이 자연스럽게 흘러갈 뿐이다.

바로 행동의 신호로 음악을 선택한 경우다. 음악과 음식, 음악과 독서, 음악과 그리기, 음악과 글쓰기 사이에는 큰 관련성이 없다. 하지만 관련성 없어 보이는 신호가 특정 행동이라는 결과를 끌어낼 수 있다.

가정에서도 충분히 시도해볼 수 있다. 공부 시간, 식사 시간, 잠자리 준비 시간 등 활동 특색에 어울리는 음악을 골라보자. 음악이 행동 신호가 될 수 있다. 공부의 신호로 음악을 활용한다면 아이가 공부를 시작한 뒤에는 음악의 볼륨을 서서히 낮춰 아이에게 방해가 되지 않도록 도와야 한다.

◇◇◇◇◇◇◇◇◇◇◇ 현명하게 보상하기

장작에 불을 지펴본 적이 있는가? 아무리 질 좋은 장작이라도 불꽃을 당기면 이내 불꽃이 사그라든다. 불을 지폈던 흔적만 남긴 채 말이다. 장작에 불이 잘 붙으려면 바람도 불어줘야 하고 연료도 뿌려줘야 한다. 특정 행동에 불이 잘 지펴지도록 바람을 불어주거나 연료를 넣어주는 것이 보상이다.

공부라는 특정 행동과 공부 신호를 그저 연결한 것으로 끝낸다면 공부 근성으로 자리 잡기 어렵다. 공부 근성으로 자리 잡기 위해서는 '지속성'이 필요하다. 그러기 위해서 부모는 아이의 노력에 대한 사소한 보상이라도 제공할 필요가 있다. 적절한 보상은 아이가 공부라는 행동을 지속하도록 도와주는 연료 역할을 한다.

◎ 공부를 지속시키는 보상

공부를 시작하는 힘은 동기 부여와 목표 설정이지만 공부를 지속시키는 힘은 근성이다. 보상은 공부를 지속하도록 돕는 역할을 한다. 공부라는 행동이 지속성을 가지면 공부를 할지 말지와 같은 내적 고민이 줄어든다. 결과적으로 갈등 없이 책상 앞에 앉아 공부하는 근성을 길러주는 것이다.

외적 보상이든 내적 보상이든 우리가 보상을 활용하는 이유는 아이의 행동을 지속시키고 동기를 높이기 위해서다. 동기 중에서 학습자 외부의 요인에 의해 향상되는 동기를 외재적 동기라고 한다.

반면 특정 행동에 즐거움을 느끼거나 성취하고자 하는 욕구가 동기로 작용하기도 하는데 이를 내재적 동기라고 한다. 미국의 심리학자 에이브러햄 매슬로가 설명하는 인간 욕구 5단계 중 최고 수준 욕구인 자아실현 욕구는 내재적 동기와 상통한다. 성취하고자 하는 욕구와 그로 인한 즐거움이 동기로 작용하는 것은 자아실현 욕구와 맞닿아 있기 때문이다.

그런데 처음부터 내재적 동기나 자아실현 욕구를 가지는 아이는 굉장히 드물다. 충격적이겠지만 동기 자체가 없는 '무동기'의 아이도 꽤 있다. 의욕 자체가 없는 아이다. 부모는 무동기의 아이가 외재적 동기라도 가지도록 도와야 한다.

무동기 ⟹ (적절한 보상) **외재적 동기** ⟹ (적절한 보상) **내재적 동기**

무동기에서 외재적 동기로, 외재적 동기에서 내재적 동기로 동기의 수준을 차근차근 높일 수 있도록 말이다. 이때 필요한 것이 적절한 보상이다. 여기서 외재적 동기보다 내재적 동기가 더 수준 높은 동기고, 내재적 동기는 좋고 외재적 동기는 나쁘다는 식의 이분법적 생각은 곤란하다.

◎ 무의식적 습관으로 전환시키는 보상의 법칙

만족스러운 보상을 경험할 때의 아이 뇌를 fMRIfunctional magnetic resonance imaging, 기능적 자기공명영상 스캔으로 확인하면 도파민이 분비되는 걸 알 수 있다. 도파민은 기분을 좋게 만들어주고 앞으로도 그 일을 계속하도록 도와주는 신경전달물질이다. 도파민이 특히 왕성하게 분비되는 경우는 아이가 기대 이상의 보상을 경험할 때다. 도파민은 기대 이상의 보상 경험과 그 당시의 행복한 기분을 시냅스에 저장한다. 이 과정이 몇 번 더 반복되어 '무의식적 습관'으로 정착되면, 그 당시의 기분 좋은 상황을 떠올리며 할지 말지를 고민하지 않고 자동으로 행동하게 된다.

행동을 시작할 때의 뇌와 행동을 반복할 때의 뇌는 전혀 다르게 작동된다. 우리는 아이가 의식적 학습을 무의식적 습관으로 전환시킬 수 있도록 똑똑한 보상을 수단으로 사용할 수 있다. 이것이 보상이 만들어내는 '습관 굳히기'다. 보상은 아이의 동기를 높이고 높아진 동기는 행동을 만든다. 행동이 반복되면 습관이 된다. 보상은 습관 형성에 도움을 줄 수 있다고 결론지을 수 있다.

물론 보상이 부정적인 결과를 불러올 수도 있다. 기대한 보상에 비해 불만족스러운 보상이 돌아오면 뇌에서는 그런 행동을 하지 말라는 신호를 보낸다. 보상의 부정적 측면이 드러나는 부분이다. 보상의 부작용을 줄이고 조금 더 효과적으로 사용하려면 아이의 성향을 정확하게 파악한 뒤, 보상의 종류와 보상 간격, 시기 등을 고민해야 한다.

① 보상의 종류

초콜릿이나 용돈, 칭찬 스티커나 도장을 모으는 것, 새 핸드폰과 같은 강화물은 외적 보상이다. 반면 교사나 부모와 같은 타인으로

부터 받는 칭찬, 자기 칭찬, 행위 자체에서 오는 만족감이나 성취감은 내적 보상이다.

그렇다면 우리 아이에게 필요한 적절한 당근, 즉 보상은 어떤 것일까? 정답은 아이의 관심사와 성향에 따라 달라진다. '무엇을 당근으로 주면 아이에게 성취 욕구가 생길까?'에 대한 해답은 아이 속에 있고, 이는 부모의 관심과 세심한 관찰로 찾을 수 있다.

② 보상의 시기와 간격

보상을 주거나 제거하는 시기도 중요하다. 보상을 디딤판으로 삼아 아이의 내적 동기를 높인 후 단번에 보상을 제거하면 공들여 쌓아올린 습관이 무너질 수 있다. 보상은 시의적절해야 한다. 목표 행동이 나타날 때마다 보상을 주는 것은 근성을 길러주는 초기나 아이가 어릴 때 효과적이다. 하지만 지속적이고 고정적인 보상은 보상에 대한 포만감을 줘 행동을 지속시키는 효과를 떨어뜨린다. 기간을 점차 늘려가며 보상을 주거나 예측하지 못한 보상을 주는 것이 효과적일 수 있다. 작은 성공 경험을 모아 큰 보상을 받을 수 있다는 걸 인지시키면 행동을 더 오래 지속시킬 수 있다.

③ 과정에 대해 보상하기

모든 보상에는 전제 조건이 있다. 바로 과정에 대해 보상하기다. 예를 들어 지난 시험에서 80점을 받았는데 이번 시험에 백 점을 받았다고 보상하는 것은 결과에 대한 보상이다. 우리가 보상을 줄 때 흔히 하는 실수다. 그렇다면 위와 같은 상황에서 어떻게 보상하는 것이 바람직할까? 80점을 백 점으로 만들기 위해 노력한 과정을 보상해야 한다.

규칙적으로 공부한 행동, 오답 노트를 충실히 적은 행동, 해야 할 공부를 끝낸 뒤 논 행동 등 작은 행동을 유심히 관찰하고 그것에 대해 칭찬하고 보상해야 한다. 30점을 받던 아이가 50점을 받아도 마찬가지다. 노력에 대해 보상하면 높은 점수를 받지 못하더라도 칭찬거리가 많아진다. 다시 말해 과정에 보상하는 것은 근성에 보상하는 것과 같다.

④ 당연한 일에는 보상하지 않는다

배움을 위해 노력하는 것, 지각하지 않고 등교하는 것, 타인을 배려하는 것, 청결하도록 노력하는 것과 같은 일은 아이가 당연히 해야 할 일이다. 당연히 해야 할 일에 '지속적으로' 외재적 보상을 줄 필요는 없다. 살아가면서 지켜야 하는 기본적인 규칙과 질서 같은 '당연한 일'에 보상을 하면, 아이는 그 일을 할지 말지 선택할 수 있는 일로 여길 수 있다. 당연한 일에는 보상이 없어도 행동을 지속할 수 있도록 도와야 한다.

물론 아이마다 받아들이는 속도가 다르기 때문에 배움을 위해 노력하는 것, 지각하지 않고 등교하는 것, 타인을 배려하는 것, 청결하도록 노력하는 것과 같은 당연한 일이 누군가에게는 당연하지 않은 일이기도 하다. 기본 생활 습관이 바르게 자리 잡히지 못한 아이라면 당연하지 않은 일이 당연한 일이 될 때까지 약간의 보상을 활용해도 된다. 단, 어느 정도 습관이 형성된 후에는 보상을 서서히 줄여나가며 강약을 조절해보자.

⑤ 벌은 공부 근성에 도움이 안 된다

"만약 이번 시험 결과가 안 좋으면 핸드폰을 압수할 거야.", "오늘 할 일을 다 못하면 핸드폰 게임은 없어." 같이 강화물을 제거하는 방법도 있다. 목표 점수에 미치지 못하면 사주기로 한 핸드폰이 물 건너가기도 하고, 해야 할 일을 제시간에 하지 않으면 쉬는 시간을 없애기도 한다. 바로 보상과 유사한 개념의 벌이다.

'만약 다 하지 않으면, 만약 이 점수를 넘지 못한다면 ○○○을 주지 않을 거야'와 같은 조건부 계약은 좋은 습관을 들이는 데 도움이 될 것만 같다. 실제로 벌은 바람직하지 못한 행동의 빈도를 감소시킨다. 단기적인 관점에서는 효과적인 동기로 작용할 수 있다. 하지만 공부 근성을 형성하는 데 도움을 주는 보상 개념과는 전혀 다르다. 장기적인 관점에서 벌은 '동기'를 감소시키는 요소로 작용할 수 있기 때문이다.

⑥ 연령별 보상 방법

이제 갓 초등학교에 입학한 아이가 교탁 앞으로 다가와 방금 끝낸 학습지를 들이밀며 "이거 다 했으니까 신비아파트 보여주세요!" 하고 당당하게 외치곤 한다. 놀랍게도 학교에서 종종 접하는 상황이다.

이런 아이는 저학년뿐만이 아니다. 고학년 중에도 약간 어렵거나 귀찮은 과제를 제시했을 때 "이거 다하면 뭐 해주실 건데요?"라며 거래를 하려드는 아이가 있다. 교실에서만 벌어지는 상황도 아니다. 가정에서도 끊임없이 보상을 바라는 아이가 꽤 많다.

어릴수록 즉각적이고 가시적인 보상이 효과적이다. 저학년 아이라면 스티커나 쿠폰을 모아서 가시적으로 보여주는 것도 성취감을 높일 수 있다.

고학년 아이라면 칭찬과 격려와 같은 내적 보상은 즉각적으로 주자. 단, 외적 보상은 짧게는 일주일, 길게는 한 달 정도의 행동을 누적하여 보상하자. '하루도 빠짐없이'라는 타이트한 보상 계획보다 '30일 중 20회 성공하기'와 같이 융통성을 허락하는 보상 계획이어야 완주할 수 있다. 부모는 아이가 중도에 포기하지 않도록 다양한 방법으로 도와야 한다.

⑦ 보상이 나아가야 할 방향

외적 보상을 내적 보상(자기강화)으로 옮기고, 내적 보상을 보상 없는 행동으로 옮길 수 있어야 한다. 어떤 아이는 외적 보상이어야만 만족감을 갖고, 어떤 아이는 칭찬이나 자신의 성취감과 같은 내적 보상만으로도 충분한 보상을 경험하기도 한다.

용돈을 올려주거나 갖고 싶은 물건을 사주는 것과 같은 외적 보상이나 보상을 제거하는 벌은 일시적으로 동기를 높일 수는 있지만, 지속성을 가지기 어렵다. 부모의 응원이나 칭찬, 궁극적으로는 스스로 만족할 수 있는 자기 칭찬이 가장 큰 보상이 되어야 한다. 이를 '자기강화'라고도 한다. 작은 일을 이루어냈을 때 성취감을 가지며 스스로에게 선물을 주며 자신을 칭찬하는 행위, 자기강화를 할 수 있도록 돕자.

외적 보상 ⟹ 내적 보상 ⟹ 보상 없는 행동

요즘 아이들은 굉장히 풍요로운 생활을 한다. 그렇기에 외적 보상 효과가 생각만큼 오래가지 않는다. 외적 보상은 가급적이면 최소로 활용하고 서서히 줄여나가도록 하자.

⑧ 조건을 거는 말 대신 제안하는 말하기

"이번 시험에서 90점 넘으면 용돈 2만 원 줄게."

"숙제 안 하면 텔레비전 못 봐."

우리가 보상을 줄 때 자주 사용하는 조건형 말이다. 이런 '○○하면 ○○○ 줄게' 같은 조건형 보상에 익숙해지면 아이는 조건대로 받는 것을 당연하게 여긴다. 조건형 보상의 가장 큰 문제는 '감사'하는 마음이 빠진다는 것이다. 시험에서 90점이 넘으면 용돈 2만 원을 받는 걸 당연한 대가로 여긴다. 자녀와의 관계가 조건과 대가를 주고받는 관계가 되면 안 된다. 조건과 대가 대신 사랑과 감사가 넘쳐나는 관계로 만들려면 '제안하는 말하기'를 하자. 특정 행동을 하도록 강요하거나 조건을 거는 대신 제안하는 말로 바꾸는 것이다.

"숙제 안 하면 텔레비전 못 봐." 대신 "숙제 다 하고 나서 다 같이 텔레비전 보자."라고 말해야 한다. "이번 시험에서 90점 넘으면 용돈 2만 원 줄게." 대신 "이번 시험에서 최선을 다하고 나면 축하의 의미로 외식하는 건 어때? 서점에 가도 좋을 것 같아."라고 말해보자.

◎ 보상 없이 공부하도록 돕는 방법

외재적 동기의 한계는 분명하다. 외적 보상이 주어질 때는 좋은 결과를 보이지만 보상을 멈추면 행동도 멈출 가능성이 있다. 보상을 계속 해도 효과가 지속된다고 장담하기 힘들다. 아이가 똑같은 행위에 더 많은 보상을 원할 수도 있다. 보상에 대한 내성이 생기듯 말이다. 부모는 외재적 동기가 내재적 동기로 옮겨가도록 조력해야 한다.

'자율성'에서 설명했던 자기 결정성 이론을 기억하는가? 스스로 결정하면 더 큰 동기를 가지고 책임감 있게 행동한다는 이론이다. 여기서 내재적 동기를 높일 수 있는 방법을 찾을 수 있다.

자기 결정성은 자율성, 관계성, 유능감의 욕구로 이루어져 있다. 자율성의 욕구는 자유롭게 내가 결정하고 싶어 하는 욕구다. 역으로 과도하게 통제받는 상황은 아이의 동기를 떨어뜨릴 수 있다. 실컷 놀다가 이제 공부 좀 하려는데 엄마에게 "이제 공부 좀 해."라는 말을 들으면 공부를 시작하고자 했던 동기가 확 꺾이는 것처럼 말이다.

관계성의 욕구는 친구나 가족, 취미나 흥미가 비슷한 사람과 함께하고자 하는 욕구다. 아이들에게 또래 집단을 만들어주고 그 집단 안에서 소속감을 느끼고 활동할 수 있도록 조력하는 것은, 관계성의 욕구를 만족시킬 뿐만 아니라 내재적 동기까지 높일 수 있다.

마지막 유능감의 욕구는 인정받고자 하는 욕구다. 부모님을 비롯하여 선생님, 친구들에게 칭찬과 인정을 받으면 유능감이 높아진다.

이 세 가지 욕구가 만족되면 자기 결정력과 함께 내재적 동기도 높아진다. 아이의 자율성, 관계성, 유능성의 욕구를 자극시켜 학습 동기를 높이는 방법은 다음과 같다.

① 학습 선택권 주기 - 자율성의 욕구

학습 선택권을 아이에게 주면 자율성의 욕구를 충족시킬 수 있다. 아이가 스스로 학습 과목, 학습 분량, 학습 시간, 학습 방법 등을 선택하고 결정하면 내재적 동기가 높아진다. 학습 선택이 모이면 자기주도적인 학습 계획이 완성된다. 계획을 스스로 설계하고 실천할 수 있도록 부모는 곁에서 방향만 잡아주면 된다.

② 학습 그룹 만들기 - 관계성의 욕구

아이가 안정감과 동시에 의욕을 일으키는 관계를 찾아준다. 혼자 공부할 때 더 집중하는 아이도 있지만, 누군가와 함께 공부해야 의욕이 생기는 아이도 있다. 그 관계를 친구로만 한정시키지 말고 가족 간에서도 학습 그룹을 만들 수 있다. 친구나 가족과 함께 공부하는 시간이나 과목을 정해보자.

③ 반 단계 높은 수준의 과제 제시하기 - 유능성의 욕구

한 단계도 높다. 반 단계 정도 높은 수준의 수행 과제를 제시해서 무조건 성공할 수 있도록 해야 한다. 유능성 욕구를 충족시키려면 성공 경험이 중요하다. 과제가 너무 어려우면 성공을 경험하기 어렵고, 너무 쉬운 과제는 하고자 하는 내재적 동기를 꺾을 수 있다.

◎ 핸드폰 사용을 보상으로 쓰면 안 된다

"선생님, 이거 잘하면 엄마가 핸드폰 게임 한 시간 시켜주겠다고 하셨어요." 학교에서 아이들에게 종종 듣는 말이다. 문제집을 미루지 않고 잘 풀면, 일기를 잘 쓰면, 이번 시험에서 백 점 받으면 등,

특정한 행동을 했을 때 부모가 주는 달콤한 보상이 핸드폰이다.

핸드폰으로 게임을 하거나 유튜브 보기를 즐기는 아이라면 꽤 효과 있다. 하지만 부모가 "이제 그만 해야지."라고 말하는 순간 아이가 어떤 표정을 지을지 상상해보자. 실컷 놀아 만족한 표정인가? 아쉬움에 절어 있는 표정인가? 부모가 보기엔 충분한, 아니 넘칠 만큼 긴 시간이라도 아이는 하나도 못 놀았다고 여긴다. 아이들은 핸드폰 사용 시간을 휴식 시간으로 여기지만 실제로 아이의 뇌는 쉬지 못한다. 쉬지 못한 뇌는 심리적 만족감을 결코 느끼지 못한다.

◎ 핸드폰 대신 손에 쥐어줘야 하는 것

"선생님, 아이가 이미 핸드폰을 보상으로 생각을 하고 있는데 갑자기 뺏거나 통제하는 것도 곤란하지 않을까요?" 그동안 핸드폰 사용을 보상으로 받아온 아이를 갑자기 통제하려 들면 아이는 반발할 수 있다. 아이와 의논해서 시간을 조금씩 줄여나가는 방향으로 나아가야 한다. 더불어 핸드폰 사용만큼 또는 그 이상으로 재미있는 활동을 찾도록 도와줘야 한다.

핸드폰보다 더 재미있는 활동은 아이마다 다르다. 교실에서 아이들과 '부모님이 내게 해줬으면 하는 활동이 무엇인지' 이야기를 나눠보면 몸을 움직이는 놀이, 일상에서 벗어나 편안하게 즐길 수 있는 여행, 보드게임이나 야외 놀이 같은 가족이 다함께 즐기는 활동을 꼽는다.

보상은 아이가 요구하는 것과 부모가 해줄 수 있는 것을 조율해서 만들어야 한다. 귀찮고 수고롭겠지만 조금만 힘을 내자. 아이에게 핸드폰 하나 던져주면 평화가 찾아오겠지만, 나쁜 습관을 단절하려면 가짜 평화를 깰 용기가 필요하다.

◇◇◇◇◇◇◇◇◇◇◇◇ 교우 관계의 중요성

미국의 심리학자 커트 르윈은 '인간의 행동은 인간을 둘러싼 물리적·심리적 환경에 영향을 받는다'라고 말했다. 그중에서도 '사회적 힘'이라고 부르는 주변 사람을 인간의 삶에서 가장 큰 영향을 끼치는 변수로 꼽았다. 당장 우리는 우리를 둘러싼 무수한 타인과 많은 영향을 주고받는다. 그중에서도 아이들은 부모, 교사, 친구에게 영향을 많이 받는다. 시기별로 차이는 나지만 초등 아이들은 고학년으로 올라갈수록 친구들에게 영향을 많이 받는다.

미국 공군사관학교 후보생을 대상으로 한 '친구 효과'에 관한 연구가 있다. 미국 공군사관학교에서는 후보생 3,500명을 무작위로 서른 명씩 나누고 이들을 같은 방에 배정했다. 이들은 일정 기간을 같은 장소에서 함께 훈련하고, 먹고, 공부했다. 공간을 이동할 때도 함께 움직이기 때문에 외부 영향을 확실히 덜 받는다. 이렇게 지낸 후보생들은 시간이 지나면서 어떻게 바뀌었을까?

흔히 성적이 높은 학생과 낮은 학생을 섞어두면 낮은 학생의 성적이 높아질 거라 기대한다. 하지만 결과는 예상과 달랐다. 낮은 학생들은 오히려 성적이 떨어졌다. 왜였을까? 서른 명 안에서도 낮은 학생은 낮은 학생들끼리 무리를 지어 공부를 하면서 나쁜 영향을 주고받았기 때문이다.

체력 점수는 어땠을까? 체력 점수가 낮은 학생이 체력 점수가 높은 학생을 따라 점수가 높아지길 기대했지만, 이 역시 예상을 빗나갔다. 낮았던 학생은 체력 점수가 올라가지 않았고, 높았던 학생은 체력 점수가 오히려 떨어졌다. 낮은 학생이 높은 학생에게 더 크게 부정적 영향을 끼쳤기 때문이다. 이처럼 '친구'는 서로에게 영향을 주고받는데, 연구 결과에서 보듯 부정적 영향이 긍정적 영향보다 힘이 센 것을 알 수 있다.

교육 환경의 중요성

중학생 시절 나는 학교생활에 그다지 충실하지 않았다. 성적이 낮게 나오면 머리는 좋은데 노력을 하지 않아서라고 여겼다. 그리고 그걸 증명이라도 하듯 열심히 놀았다. 아니나 다를까 성적은 꾸준히 떨어졌고, '전교 1등' 꼬리표는 서서히 잊혀졌다.

고등학교 입학을 앞두고 아버지 사업이 부도가 나면서 우리 가족은 이전에 살던 동네에서 멀리 떨어진 곳으로 이사를 해야 했다. 결국 나는 아는 친구 한 명 없는 고등학교로 배정받았다. 고등학교에 입학한 첫날 만난 친구들은 굉장히 낯설고 어색했다. 첫 만남이라 낯설고 어색한 게 아니었다. 내가 느낀 낯섦과 어색함은 아이들의 이미지였다.

그곳에는 노랗게 염색한 아이도, 눈썹을 얇게 민 아이도, 치마를 손바닥만 하게 줄여 입은 아이도 없었다. 대신 새벽 다섯 시가 되면 어김없이 전화를 해서 아침잠을 깨우는 친구, 누가 시키지도 않은 0교시를 함께 여는 친구, 급식비를 내지 못한 나에게 밥과 반찬을 한 숟갈씩 나눠주던 친구들이 있었다. 나는 분위기가 꽤 좋은 고등학교에서 그렇게 다시 공부를 시작했다. 고등학교 첫 시험은 반에서 중간을 밑도는 수준이었지만, 졸업을 앞두고는 전교권을 다툴 수 있었다.

여전히 가정 형편은 나아지지 않았기에 입학금에 등록금까지 더해도 백만 원이 넘지 않는 교육대학에 입학했다. 졸업하고 첫 발령을 받은 학교는 나름 큰 학교였다. 그런데 하루도 바람 잘 날이 없는 곳이었다. 수시로 절도 사건과 폭력 사건이 발생했고, 무단결석하는 아이도 종종 있어 아이들을 찾아 나서야 하는 날도 꽤 있었다. 그만큼 교육 환경이 좋지 않은 곳이었지만 그럼에도 눈에 띄게 똑똑하고 착한 아이들이 꽤 있었다. 하지만 똑똑하고 착한 아이들은 기가 센 친구들의 눈치를 봐야 하는 분위기였다.

발표하면 잘난 척한다는 핀잔을 받고, 선생님에게 칭찬을 받으면 편애한다는 소리를 들어야 했다. 우유 폭탄을 만들어 옆 건물에 함께 던지지 않으면 배신자라 비난받고, 숙제를 베낄 수 있도록 보여주지 않으면 이기적인 아이라는 이야기를 들어야 했다. 제아무리 똑똑하고 착한 아이라도 그런 분위기에서는 마음 편하게 학교생활을 하기가 힘들 수밖에 없다.

'붉은 것을 가까이하는 사람은 붉어진다'라는 말이 있다. 자꾸만 안 좋은 분위기에 휩쓸리는 아이들을 보며, 어떻게든 분위기를 바꿔보려 애를 썼지만 쉽게 바뀔 분위기가 아니었다. 주위 분위기에 쉽게 흔들릴 수밖에 없는 아이들을 보며 매일 안타까움에 잠 못 이루던 나날이었다.

그렇게 또 몇 년 후, 나는 아파트촌을 사이에 둔 학교로 옮겼다. 그 학교 아이들은 대체로 착하고 순수했다. 장난기는 있어도 옆 건물에 우유 폭탄을 던지는 아이는 없었다. 수업도 곧잘 따라오는 것은 물론이고 발표하는 친구를 잘난 척하는 아이로 취급하지 않았다. 아이들을 볼 때마다 똑똑하고 착했던 이전 학교 제자들이 문득문득 떠올랐다. 그 아이들이 이런 분위기에서 학교생활을 했더라면 어땠을까? 또 한 번 아쉽고 안타까웠다.

◎ 학군이 중요한 이유는 면학 분위기 때문이다

학군은 '지역별로 나누어 설정한 몇 개의 중학교 또는 고등학교의 무리'라는 뜻이다. 하지만 '학군이 좋다, 나쁘다' 또는 '학군 때문에 이사를 간다'라고 할 때 쓰는 학군은 '중·고등학교 수준, 학원 인프라, 학부모들의 경제적·사회적 위치, 교육에 집중하는 동네 분위기' 등 교육 환경을 포괄한 용어로 쓰인다. 그러다 보니 사람들마다 '학군'을 받아들이는 정도가 다르고 조금씩 다르게 해석하기도 한다.

그런데 정말 학군 때문에 이사를 해야 할 만큼 학군은 중요할까? 내 대답은 예스다. 물론 나는 '유명 학원이 밀집한 곳을 좋은 학군'이라고 생각하지는 않는다. 내가 말하는 좋은 학군은 '면학 분위기가 좋은 학교'다. 나머지는 면학 분위기에서 파생된 곁가지일 뿐이다.

학생들 간의 관계, 교사와 학생 간의 관계는 학교의 분위기에 속한다. 수업에 참여하는 학생들의 태도나 열의는 면학 분위기를 결정한다. 면학 분위기가 충분히 조성된 학교에서는 당연히 수업의 질도 높다. 또 학생과 교사 모두 진로나 진학에도 관심이 많다. 학교 구성원의 관계, 면학 분위기, 수업의 질, 진로 교육 등은 학교의 수준을 결정한다.

학교는 가정을 제외하고 아이들이 가장 오랜 시간을 머무르는 곳이다. 학교는 아이의 삶에서 거대한 변수가 되는 사회적 힘에 해당한다. 그리고 그곳에서 만나는 무수한 타인들에게 결정적인 영향을 받는다.

앞서 본 미국의 공군사관학교 후보생을 대상으로 한 연구에서처럼 체력 점수가 높은 후보생이 낮은 후보생에게 더 많은 영향을 받았다. 면학 분위기도 마찬가지다. 좋은 면학 분위기는 아이에게 긍정적인 영향을 줄 수 있지만, 나쁜 면학 분위기는 아이에게 부정적 영향을 넘어 치명적일 수 있다.

바른 공부 습관을
들이는 힘 4

회복탄력성

'넘어져도 다시 일어서 나아가야'
배움이 완성된다

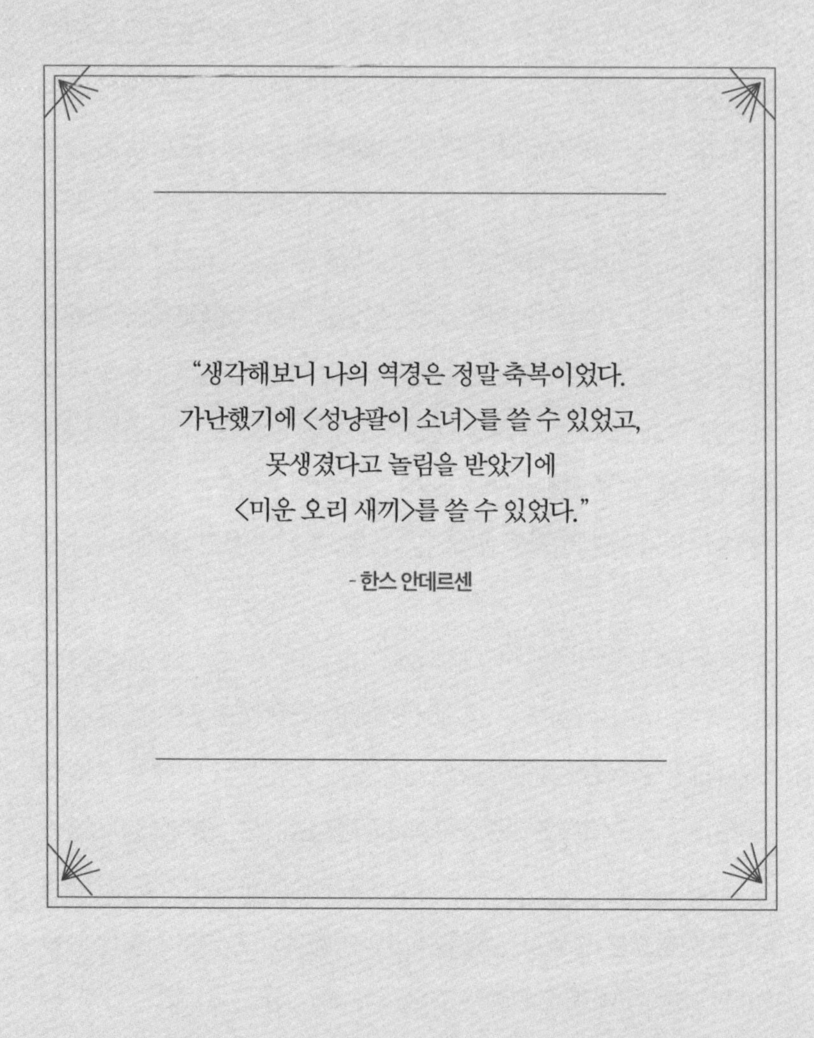

"생각해보니 나의 역경은 정말 축복이었다.
가난했기에 〈성냥팔이 소녀〉를 쓸 수 있었고,
못생겼다고 놀림을 받았기에
〈미운 오리 새끼〉를 쓸 수 있었다."

- 한스 안데르센

회복탄력성의 뿌리는 실패 경험이다

다시 일어설 수 있는 이유

겨울바람이 불기 시작하던 11월의 어느 날, 아침 여덟 시가 채 되지 않았을 때 교실 전화벨이 울렸다.
"선생님, 빨리 내려와주세요. 학생이 한 명, 아니 두 명이 왔는데…."
급히 중앙 현관으로 달려 나가보니 맨발에 슬리퍼를 신고, 점퍼 하나 걸치지 않은 채 떨고 있는 아이가 서 있었다. 민우였다. 그리고 민우 손을 꼭 잡고 있는 어린 여자아이, 민우의 여섯 살 동생이었다. 책가방도, 매일 쓰던 안경도 없이 이른 시각에 학교로 온 민우와 동생. 두 아이의 떨림은 추위가 아닌 두려움 때문이었다.
나는 민우의 5·6학년 담임이었다. 5학년 때 처음 만났던 민우는 말수가 매우 적었고 지나치게 예의가 발랐다. 평소에도 내내 긴장한 듯보였고, 수업 시간에는 집중을 넘어 경직돼 있었다. 친구들을 대할 때도 눈치를 보며 조심스럽게 대하니 다들 조금씩 불편해했다.

나는 어떻게 하면 민우가 나와 친구들을 편하게 대할 수 있을까 여러모로 신경을 썼다. 5학년을 마무리할 때는 반 친구들과도 스스럼없이 지내고, 내게도 농담을 하며 즐겁게 학교생활을 할 수 있었다. 6학년이 된 민우에게 나는 방송반을 권유했고, 민우는 방송반 활동을 시작으로 각종 학교 행사에 참여하며 적극적인 아이로 변했다. 그 덕에 모범 어린이로 선정되어 교육감 표창까지 받았다.

배려심이 깊고 친구들을 진심으로 대하며 공감할 줄 아는 아이, 항상 밝은 미소를 입가에 머금고 있던 아이, 진지하게 발표하는 듯하다가 친구들의 웃음 포인트를 자극할 줄도 아는 아이가 민우였다. 그런 민우에게 그날의 모습은 참으로 난데없었다.

민우는 수년 간 가정 폭력을 당하고 있었다. 그날도 술에 취한 아버지에게 밤새 맞다가 아버지가 잠시 잠든 틈을 타 여섯 살 여동생을 데리고 도망쳐 학교에 온 것이다. 추운 겨울, 점퍼도 걸치지 못한 채 맨발로 집 밖을 나선 민우의 모습에 가슴이 미어졌다. '민우와 함께한 2년간 나는 왜 이 사실을 몰랐던 것일까?' 자책감이 밀려왔고 참으로 괴로웠다.

그날 이후 민우와 동생은 아버지를 피해 멀리 사는 친척 집으로 가게 되었다. 유독 얼굴이 하얘 검정 뿔테가 도드라져서 보이던, 내가 너무나도 아끼던 민우와의 만남은 그날이 마지막이었다.

10년이 훌쩍 지난 어느 날, 반가운 메일 한 통을 받았다. 대학생이 된 민우였다. 민우는 초등학교 2년간 받았던 선생님의 과분한 칭찬과 믿음 덕분에 힘들었던 어린 시절의 상처를 이겨낼 수 있었다고 했다. 아버지가 술만 마시면 욕을 하고 손찌검을 해도 학교에서 선생님과 친구들을 만나면 마음이 편안해졌다고 했다. 가정 폭력으로 받은 몸과 마음의 상처를 학교에서 치유했던 것이다. 지금은 엄마와 함께 지내며, 수도권에 있는 한 대학에서 연극을 전공하고 있다고 했다.

커서 유재석 같은 국민 MC가 되고 싶다고 수줍게 발표하던 민우. 어린 시절의 아픔을 딛고 훌륭하게 성장한 민우의 비밀은 바로 회복탄력성이다.

◇◇◇◇◇◇◇◇◇◇ 넘어질 기회를 기꺼이 허락해야 한다

'비 온 뒤에 땅이 굳는다'라는 속담이 있다. 이 속담은 안타깝게도 모든 사람들에게 적용되는 것은 아니다. 간혹 억수 같은 비로 인해 땅이 무너져 내리기도 한다. 살다 보면 누구나 돌부리에 걸려 넘어지는 정도의 아픔을 겪고, 하늘이 원망스러울 만큼 큰 불행을 겪기도 한다. 그때마다 주저앉아 한참을 일어서지 못하는 사람이 있는가 하면, 훌훌 털고 일어나 내달리는 사람도 있다. 우리 아이가 큰 비를 맞고도 무너지지 않고 단단해지는 아이로 자라려면 마음의 근력, 회복탄력성이 필요하다.

회복탄력성은 실패를 이겨내는 힘이다. 영어로는 탄성resilience을 뜻한다. '탄성' 하면 가장 먼저 무엇이 떠오르는가? 나는 물리 시간에 배웠던 용수철 실험이 떠오른다. 용수철이 압축된 만큼 탄성 에너지가 증가해서 더 많이 튀어오르는 실험 말이다. 실패를 이겨내는 것을 넘어 더 크게 뛰어오르는 능력이 회복탄력성이다.

실패를 이겨내기 위해서는 무엇이 필요할까? 당연히 실패 경험이 필요하다. 이겨낼 실패가 있어야 이겨내든 더 크게 뛰어오르든 할 것이 아닌가? 인생을 살다 보면 크고 작은 역경이 예고 없이 닥친다는 것을 우리는 잘 알고 있다. 안타깝게도 우리는 자녀의 모든 실패를 막아줄 수도, 그렇다고 대신 겪어줄 수도 없다. 아이를 안전한 내 품속에 품고 있는 것도 잠깐이다. 도와줄 수 있는 건 단 하나, 실패에도 일어설 수 있는 힘, 회복탄력성을 길러주는 것이다.

회복탄력성은 실패에 갇혀 있지 않고 다시 세상 밖으로 나오게 하는 힘으로, 실패를 여러 번 겪고 극복하는 과정에서 길러진다. 유대인 부모는 자녀에게 반드시 실패를 가르친다. 아이가 성장하는 동안 크고 작은 실패를 겪도록 놔두는 것을 넘어 실패를 가르친다니 의아할 것이다. 교육을 빙자한 방치는 아닐까? 일반적인 상식으로는 부모로서 도리가 아닌 것 같다. 하지만 실패 또한 성장의 과정이다. 실패는 현재의 결과지만, 실패를 극복한 노력은 미래의 결과를 가져올 수 있기 때문이다.

물론 내 아이의 실수나 실패를 환영하기란 쉽지 않다. 어느 부모가 즐겁게 맞이할 수 있겠는가. 아이의 실패를 지켜보는 일은 실패하지 않도록 곁에서 도와주는 것보다 훨씬 힘겹다. '아이가 실망하면 어쩌지?', '아이가 힘들어서 포기하면 어쩌지?', '아이의 자존감이 무너지면 어쩌지?', '아이의 실패를 누군가가 알게 되면 어쩌지?' 만약 이런 생각이 든다면 부모 자신이 실패를 두려워하거나 아이의 성공 경험을 자신의 성공으로 착각해서는 아닌지, 그래서 아이가 실패할 만한 일은 시키지 않거나 대신 해주는 건 아닌지 반드시 돌아봐야 한다.

실패를 기꺼이 받아들이자. 아니 환영하자. 회복탄력성을 길러주는 절호의 학습 기회다. 넘어졌을 때 자기 힘으로 일어서본 경험이 부족한 아이는 실패를 경험한 뒤 일어설 수 없다. 자전거를 배울 때도 휘청거릴 때 중심 잡는 법을 배우고, 넘어질 때 덜 다치게 디디는 법을 배운다. 휘청거릴 기회, 넘어질 기회를 기꺼이 허락하자. 실패는 피하고 싶다고 피할 수 있는 게 아니다. 성공적인 삶은 항상 이기는 삶이 아니라 좌절에서 빠르게 일어나 헤쳐 나가는 삶이다.

실패 경험이 중요하다고 해서 모든 실패를 환영하라는 말은 아니다. 실패의 수준과 크기에도 단계가 있다. 회복탄력성을 길러주기 위한 실패는 끝내 성공할 만한 실패여야 한다. 몇 차례 넘어져도 조금만 더 노력하면 자전거 페달에 발을 올릴 수 있다는 확신이 있어야 일어설 수 있다. 우리는 이것을 '안전한 실패'라고 부른다.

간접적인 실패 경험도 필요하다

크고 작은 실패는 부끄러운 것도 아니고 나쁜 것은 더더욱 아니다. 실패보다 실패할까 봐 두려워서 그 어떤 도전도 하지 않는 것이 문제다. 우리는 아이에게 누구나 실수하고 실패할 수 있다는 것을 알려줘야 한다. 이때 실패 경험을 통해 성장한 누군가의 사례를 들려주자. 가장 좋은 사례는 바로 부모의 이야기다. 실패로 인해 오히려 새로운 기회가 열리기도 한다는 것을 간접적으로 경험할 수 있도록 아이에게 경험담을 들어놓자.

◎ 위인전보다 부모의 경험담에 공감한다

1997년 추운 겨울, 중학생이던 나와 가족은 용달 트럭 한 대에 꼭 필요한 짐만 싣고 이사를 떠났다. 큰 트럭을 부르기도 힘든 형편이었지만 어차피 싣고 가도 이사갈 곳에는 짐을 구겨 넣을 공간이 없었다.

한참을 달려 우리가 도착한 곳은 밤새 환기가 되지 않아 벽지에 발린 풀냄새가 진동하는 집이었다. 지난밤 부모님은 미리 오셔서 낡은 벽지 위에 새 벽지를 손수 덧바르셨다. 새로 바른 벽지는 종이 상자에 흰색 A4용지를 덕지덕지 바른 느낌이었다. 낡고 허름한 집을 애써 포장하고 싶었던 부모님의 마음도 벽지와 함께 붙어 있었다.

작은 아파트 생활도 잠시, 우리 가족은 단칸방으로 쫓겨나듯 다시 이사를 해야 했다. 1997년은 IMF 외환위기로 우리 집뿐만 아니라 대한민국 평범한 서민 가정이 대부분 힘든 시기였다. 아버지는 자동차 부품을 생산하는 중소기업을 운영했는데 협력업체가 도산하면서 함께 무너졌다. 아버지는 일용직으로 일을 다시 시작했고, 어머니는 아르바이트를 하러 다니셨다. 나는 반에서 중간도 되지 않는 등수로 성적이 떨어졌다.

나는 기로에 서 있었다. 계속 내려갈 것인지, 아니면 다시 도약해볼 것인지. 이렇게 머물러 있을 수는 없었다. 하지만 학원을 다닐 형편도 아니었고, 지금처럼 유튜브와 같이 무료 온라인 강좌가 있지도 않았다. 그야말로 자기주도학습을 해야 했다. 가족이 모두 잠든 단칸방에서 작은 스탠드에 의지해 책을 비춰가며 공부한 날도 있었다. 모르는 게 있으면 교무실로 찾아갔다. 다행히 성적이 서서히 오르기 시작했다. 어느 날, 담임 선생님께서 이런 말씀을 하셨다.

"혹시 가정 형편이 안 좋은 사람 있나? 학교 재단에서 장학금을 지원해준다고 하네. 자자, 모두 눈을 감아. 지원받고 싶은 사람 손 들어."

나는 1초의 망설임도 없이 손을 번쩍 들었다.

"모두 눈 떠라. 하유정, 교무실로 따라와."

담임 선생님이 교실을 나가자 눈을 뜬 아이들이 모두 나를 바라봤다.

"유정아, 괜찮아? 눈은 왜 감으라 한 거야? 저렇게 공개적으로 이름 부를 거면서."

친구들은 교실 문을 나서는 내게 위로의 말을 한마디씩 건넸다. 나는 괜찮았다. 오히려 1초의 망설임도 없이 손을 든 내가 자랑스러웠다. 가난이라는 시련을 밟고 일어섰더니 장학금이 선물로 돌아왔다. 그날 엄마는 화장실에서 수도꼭지를 틀어놓고 한참을 울었다고 한다.

첫째 딸이 국어 시간에 만든 '우리 엄마(하유정) 위인전'

그 시절은 참으로 속상한 날도 화가 나는 날도 많았다. 온 가족이 부둥켜안고 울었던 날도 있었다. 하지만 돌이켜보면 그 시절에 나는 역경에서 벗어나기 위해 더 열심히 공부했고, 더 열심히 일했다. 힘들었던 내 어린 시절 이야기는 내 아이들에게는 흥미로운 옛날 이야기다. 옛날 옛적의 느낌이 강하지만 지금 곁에 있는 엄마의 이야기라 조금 더 강렬하게 감정이입이 되기도 한다.

어느 날, 큰딸이 국어 시간에 만든 '내 위인전'을 우연히 보았다. 엄마의 실패 경험을 쓴맛으로 시작해서 단맛으로 표현한 걸 보니 큰딸도 인생의 쓴맛과 단맛을 간접적으로 맛본 듯했다.

◇◇◇◇◇◇◇◇◇◇◇ 지는 게 죽도록 싫은 아이

보드게임을 하던 1학년 아이들 중 한 그룹이 게임을 진행하지 못하고 있었다.

"선생님, 태헌이가 게임하기 싫대요."

게임에서 진 태헌이는 이미 토라져 모둠에서 멀찌감치 의자를 빼고 앉아 있다.

어떤 게임이든 지면 울거나 화를 내며 분풀이를 하는 아이들이 있다. 보드게임을 하다가 지기라도 하면 마무리를 항상 비극으로 끝내는 아이, 학급 모둠 활동에서 놀이를 하다가 지기라도 하면 삐져서 활동에서 빠지는 아이. 내 큰딸도 그런 편이다. 지나치게 승부욕이 강해서 지는 걸 죽도록 싫어한다. 학교에서는 착한 아이 가면을 쓰고 있지만 집에서는 본성을 드러내고 어떻게든 이기려든다. 그래서 가족끼리 보드게임이라도 하면 마무리가 안 좋을 때가 있다.

◎ 경쟁을 긍정적으로 이끌어내는 놀이법

경쟁에서 이기는 것은 중요하다. 하지만 그보다 더 중요한 건 결과를 성장 기회로 삼는 것이다. 승리나 패배 경험도 중요하지만, 패배를 통해 다시 일어서본 경험도 중요하다. 물론 진 결과를 아이가 쉽게 받아들이지는 않는다. 이럴 때 부모는 어떻게 대처해야 할까?

① 놀이 전에 규칙 정하기

져도 재미있고 이겨도 재미있어야 놀이다. 놀이에서 승패를 강조하면 뭐든 이겨야 좋은 것이라고 학습한다. 건전한 경쟁은 이기는 것보다 과정을 즐기는 것이라고 보여줘야 한다. 아래와 같은 규칙을 꼭 인지시킨 다음 놀이를 시작하자.

"게임(놀이)은 져도 즐겁고 이겨도 즐거운 거야. 정정당당하게, 지든 이기든 즐거운 마음으로 하기다!"

② 확률(운)에 따라 결과가 달라지는 놀이하기

승패에 지나치게 집착하는 아이라면 확률이나 운에 따라 결과가 달라지는 놀이를 해서 누구든 이기거나 질 수 있다는 것을 받아들이도록 돕자. 이런 아이들은 개인의 능력으로 승패가 갈리는 게임보다 가위바위보 게임, 주사위 놀이, 사다리 게임, 제비뽑기 같은 확률로 승패가 결정 나는 게임 결과를 좀 더 수월하게 받아들인다. 확률 게임으로 누구든 승자나 패자가 될 수 있음을 인정하는 경험을 만들어주자.

"가위바위보 게임은 실력이 아니야. 단지 운일 뿐이야. 엄마가 이길 수도, 네가 이길 수도 있어."

③ 개인 능력(실력)에 따라 결과가 달라지는 놀이하기

확률 게임으로 결과를 받아들이는 연습을 했다면, 개인의 능력에 따라 결과가 달라지는 놀이로 다양한 승패 경험을 제공하자. 단, 이때는 실력이나 능력에 맞게 규칙 정하기가 선행되어야 한다. 예를 들면, 바둑이나 체스의 급수가 다르면 몇 수 접어주기, 줄넘기 오래 뛰기를 한다면 부모가 1분 먼저 시작하기, 달리기 시합을 할 때 출발선을 다르게 하기, 배드민턴이라면 아빠와 딸이 짝을 짓고 엄마와 아들이 짝을 짓는 형태라거나 부모 한 명과 아이 두 명이 함께 대결을 펼치는 식으로 능력에 따라 규칙을 정해야 한다. 아이들은 이렇게 해야 게임을 공정하다고 받아들인다.

“아빠는 너보다 다리가 길고 조금 더 빠르니까 너보다 다섯 걸음 뒤에서 시작할게.”

④ 게임 져주지 않기

게임에서 지면 아이가 자신감을 잃을까 봐 일부러 져주는 부모가 많다. 하지만 져주기도 의도치 않게 이기는 것만 좋은 것이라고 알려주는 행동이다. 게임이나 경쟁 상대가 매번 져주는 어른이 될 수는 없다. 보통의 경쟁은 눈에 도끼 불을 켜고 경쟁하는 또래가 상대다. 친구들과 함께하는 게임이나 경쟁에서는 일부러 져주는 상대는 없다. 부모와의 게임도 정정당당하게 최선을 다한 뒤 승패를 받아들이는 ‘보통’의 경쟁이어야 한다.

“봐주거나 져주는 건 정정당당하지 않아. 엄마는 최선을 다할 거야. 너도 파이팅.”

⑤ 상대의 마음 헤아리기

다른 사람과의 비교를 통해 갖게 되는 우월감이나 열등감은 아이에게 독이 된다. 정정당당하게 게임을 즐긴 서로를 격려하게끔 지도해야 한다. 승자라면 진 친구에 대해 배려하는 마음을, 패자라면 상대방을 진심으로 축하할 수 있는 마음을 가질 수 있도록 도와주자.

"규칙을 지켜서 게임을 했으니 우리 모두가 일등이야. 이기든 지든 즐겁게 했으면 모두가 승자야."

⑥ 승패를 마주하는 현명한 태도 보여주기

아이의 승패를 마주하는 부모의 태도도 중요하다. 아이가 경쟁에서 승자가 되었을 때, 혹은 패자가 되었을 때 부모는 어떤 반응을 보여야 할까?

◎ 경쟁에서 이긴 아이를 대하는 방법

부모가 이긴 결과를 과하게 칭찬하면 아이는 우월감 콤플렉스에 빠질 수 있다. 다른 사람과의 비교에서 시작된 우월감은 경쟁에서 졌을 때 동전이 뒤집히듯 순식간에 열등감 콤플렉스로 돌변한다. 이긴 결과에 대한 칭찬은 독이다. 이기든 지든 최선을 다하는 과정에 칭찬하는 것은 괜찮다. 하지만 칭찬하다 보면 점점 과해지기 쉽다. 칭찬의 강도를 조절하기가 어렵다면 '담백한 축하'로도 충분하다.

"열심히 했나 보다. 정말 축하해."

◎ 경쟁에서 진 아이를 대하는 방법

경쟁에서 지면 속상한 게 당연하다. 그러나 스스로 최선을 다했다는 것에 자긍심을 느낄 줄도 알아야 한다. 언제나 결과가 좋을 수는 없다. 최선을 다해도 패자가 되는 날이 있다. 패자가 되어 실망감이나 좌절감을 느끼는 것까지는 괜찮다. 하지만 이 감정이 깊어져서 자기비하나 자기혐오로 이어지지 않도록 마음의 근육을 길러야 한다. 마치 미리 백신을 맞는 것처럼 회복탄력성을 겸비해두는 것이다.

① 속상한 마음에 공감하기

경쟁에서 진 아이가 부모에게 돌아오면 가장 먼저 속상한 마음을 읽어줘야 한다.

"져서 속상하지? 누구라도 속상할 거야. 하지만 최선을 다한 건 이긴 것보다 더 멋진 거야. 최선을 다 해봤으니 다음에는 더 잘할 수 있을 거야."

② 결과를 있는 그대로 받아들이게 하기

결과를 과장하거나 축소하지 않고 있는 그대로 받아들일 줄 아는 겸허함을 배워야 한다. 어떤 점이 부족했는지, 경쟁 상대에게는 어떤 점이 충분했는지, 좋은 결과를 얻기 위해 무엇을 하면 좋을지 등 분석의 기회도 가져본다. 건전한 경쟁을 통해 실패의 기회도, 다시 일어설 기회도 가져보게 돕자. 경쟁에서 지는 것이 토라지거나 화날 일이 되지 않도록 공정한 경쟁의 경험 자체가 중요하다는 사실도 알려주자.

"다음에는 어떤 전략을 쓰면 좋을까? 상대의 전략은 어땠어? 새로 짠 전략으로 다시 게임해볼까?"

결과에만 의존하는 삶은 아이든 어른이든, 누구에게나 힘들다. 최선을 다한 과정을 인정하고 결과를 받아들이는 아이에게 부모는 그 또한 잘 성장하는 것이라 말해주고, 앞으로 더 잘할 거라고 믿으며 지지해줘야 한다.

회복탄력성의 버팀목은 믿어주는 부모다

아이에게는 믿고 지지해주는 사람이 필요하다

회복탄력성의 첫 번째 필요조건이 실패 경험이었다면, 두 번째 필요조건은 어떤 상황에서도 아이를 믿어주는 '부모'라는 존재다. 그런데 앞서 본 민우에게는 믿고 지켜보는 부모 대신 폭력을 일삼는 아버지만 있었다. 든든한 부모가 곁에 없는 건 치명적인 결핍 요소다. 그럼에도 민우는 반듯하게 자랐으니 필요조건이 아니라고 여길지 모른다. 하지만 민우에게는 부모 대신 지지와 응원을 보내는 담임 선생님과 친구들이 있었다.

힘든 시기에 결핍을 채워줄 누군가가 존재했던 것이다. 그 자리가 부모였다면 더 좋았겠지만, 민우의 힘들었던 2년간 그 자리를 나와 우리 반 친구들이 조금이나마 메워줄 수 있었던 건 모두에게 행운이었다.

◇◇◇◇◇◇◇◇◇◇◇ 열악한 환경에서도 잘 자라는 아이가 있다

1950년대, 가난하고 고립된 오지였던 카우아이 섬에서 대규모 종단 연구가 진행되었다. 카우아이 섬의 아이들은 학교 교육을 제대로 받지 못하고 열악한 가정환경에서 성장기를 보낸 탓에 청소년 비행 수준이 심각했다. 특히 고위험군(가정불화, 부모의 지적장애, 약물중독, 한부모가정 또는 조손가정 등)의 64%에 해당하는 아이들을 추적한 결과, 성인이 되어서도 최악의 삶을 살고 있었다.

그렇다면 나머지 36% 아이들은 어땠을까? 36%에 해당하는 72명은 성적과 교우 관계, 인성 면에서 모두 반듯하게 성장했다. 어려운 환경 속에서도 72명이 잘 자랄 수 있었던 배경에는 무엇이 있었을까?

바르게 성장한 72명은 처한 환경이 조금씩 달랐지만, 공통점이 있었다. 그들에게는 성장기 동안 자신의 입장을 조건 없이 이해해주고 받아주는 누군가가 한 명 이상 있었다. 엄마든, 아빠든, 할머니든, 선생님이든, 이웃이든 성장하는 동안 가까이에서 지켜봐주고 기댈 수 있는 사람이 곁에 있었기에 역경을 극복해낼 수 있었던 것이다.

미국의 사회학자 트래비스 허쉬 역시 열악한 가정환경 아래에서 성장기를 보낸 모든 아이들이 불우한 삶을 살아가는 건 아니라고 말했다. 허쉬는 불우한 가정환경 속에서도 반듯하게 자란 아이들에게는 사회적 유대관계가 좋다는 공통점을 찾았다. 그 아이들은 좋은 유대관계를 유지하기 위해 일탈행동을 하지 않았다. 최악의 환경에 놓여 있더라도, 자신을 아껴주고 기대하는 누군가가 정신적 지지대 역할을 해주고 있었기 때문이다.

그럼에도 부모가 버팀목이 되어야 하는 이유

엄마, 아빠, 할머니, 할아버지, 선생님, 친구…. 아이에게 따뜻한 위로가 되어주는 이들 중 최고의 적임자는 누구일까? 처한 상황에 따라 다를 수 있지만 어쨌든 첫째는 부모다. 지금도 우리는 아들, 딸 잘 키워보겠다고 읽고 쓰며 공부하고 있지 않은가? 부모는 누가 뭐라 해도 아이들의 버팀목 영순위다. 그 자리에 부모가 설 수 없을 때 대신해줄 누군가가 필요할 뿐이다.

지금 우리는 충분히 아이를 믿어주고 지켜줄 수 있다. 아이에게 따뜻한 위로가 되는 누군가, 내면의 안정감을 꽉 채워주는 누군가, 그 누군가와의 추억은 회복탄력성의 원천이 된다. 아이 내부의 심리적 특성뿐만 아니라 좌절을 극복할 수 있는 가장 큰 자원이 바로 아이 가까이에 있는 그 누군가라면, 기꺼이 우리가 그 역할을 해야 하지 않을까?

아이의 앞길에 놓인 걸림돌을 치워주라는 말이 아니다. 아이가 넘어질 때마다 벌떡 일으켜 세워주라는 말도 아니다. 아이 스스로 두 손바닥에 힘을 꽉 주고 땅을 밀며 다시 일어설 수 있도록 곁을 지켜주며 독려해달라는 말이다. 파도가 출렁이는 험한 바다 한가운데에서도 일렁이는 파도를 헤치고 당당히 걸어 나올 수 있는 아이로 자랄 수 있도록 오늘도 든든한 버팀목이 되어주자.

한 아이가 있었다. 어린 시절 그 아이는 학교 성적은 엉망이었고 친구들과도 잘 어울리지 못했다. 어느 날 아이는 성적표를 받아 집으로 왔다. 성적표에는 이렇게 적혀 있었다.

'이 학생은 장차 어떤 일을 해도 성공할 수 없을 것으로 판단된다.'

이를 본 엄마는 풀 죽어 있는 아들에게 이렇게 말했다.

"아들아, 실망하지 마라. 너는 남과 다른 아주 특별한 능력을 지니고 있단다. 남과 같아서야 어떻게 성공할 수 있겠니?"

천재 물리학자 아인슈타인의 일화다. 끔찍한 성적표에 "왜 이것밖에 못 하니?"라며 꾸짖고 잔소리를 하는 대신 아이의 남다름을 찾아 인정하고 격려하는 부모가 아인슈타인 곁에는 든든한 버팀목으로 존재했다. 아이의 부정적 감정이나 행동에 훈수를 두기보다 아이를 있는 그대로 인정하고 격려하는 부모가 되어주자.

이성적으로는 고개가 끄덕여지지만 감성적으로는 쉽지 않다는 걸 누구보다 잘 안다. 그럼에도 불구하고 아이에게는 길잡이가 되는 부모보다 버팀목이 되는 부모가 더 든든하다는 사실을 수시로 되뇌어야 한다.

엄마에게 말하지 말라는 아이

시험이 끝나자마자 아이들은 기쁨을 환호성으로 대신했다. 해방의 축제 같은 하교 시간에 연우와 정연이가 책상에 엎드려 있었다. 유독 풀 죽어 있는 두 명에게 이유를 물었다. 아이들의 대답은 비슷한 듯 달랐다.

연우 **오늘 시험을 망쳐서 엄마가 많이 속상해하실까 봐 걱정이에요. 엄마에게 알리지 말아주세요.**

정연 **오늘 시험을 망쳐서 엄마한테 혼날까 봐 걱정이에요. 엄마에게 알리지 말아주세요.**

둘 중 한 명은 엄마에게 가스라이팅*당하는 아이다. 연우와 정연이 중 누가 엄마에게 가스라이팅을 당하는 아이일까?

◎ 엄마에게 말하지 말라는 아이의 두 가지 속마음

얼핏 보면 연우가 엄마의 마음에 공감을 잘하는 철든 아이처럼 보인다. 하지만 연우는 자신의 마음을 걱정하는 게 아니라 엄마 마음을 걱정하고 있다. 즉, 연우는 감정의 주체를 엄마로 보고 있다. 공감 능력이 좋은 아이로도 보이지만 부모에게 의도치 않게 가스라이팅당하고 있을 가능성도 있다. 반면 정연이는 감정의 주체가 '나'다. '내가' 혼날까 봐 걱정하는 마음은 지극히 자연스럽다.

이런 상황에서는 엄마 마음을 걱정하기보다 내 마음을 먼저 돌아봐야 한다. 그렇다면 시험을 망치고 돌아온 아이에게 엄마는 어떤 반응을 보이는 게 좋을까?

엄마 A **네가 시험을 망쳐서 엄마는 너무 속상해.**

엄마 B **부족한 부분을 채운면 다음 시험에는 더 잘 할 수 있을 것 같구나. 힘내서 열심히 하렴.**

다음에 열거된 말은 어떤가?

---

* 타인의 심리나 상황을 교묘하게 조작해 그 사람에 대한 지배력을 강화하는 행위.

"우리는 가족이잖아."

"네가 누나(형)니깐 이해해야지"

"다 너를 위한 거야."

"엄마 말 들으면 다 잘 될 거야."

"내가 널 어떻게 키웠는데."

"네가 엄마한테 어떻게 이럴 수 있니?"

"너는 착한 딸(아들)이잖아."

"너를 걱정하는 건 엄마밖에 없어."

"너를 사랑해서 그러는 거야."

혹시 아이에게 이런 말을 종종 하고 있지는 않은가? 위의 말들은 아이의 감정을 무시하고 역할과 책임만을 부여하는 말이다. 부모의 욕망이 투사되어 부모 말에 복종하도록 하는 말이기도 하다.

지속적으로 가스라이팅당한 아이는 자신의 생각을 늘 의심하고 확신을 갖지 못한다. 그래서 "저 잘하고 있나요?", "이게 맞나요?"라며 부모에게 끊임없이 물어보고 판단을 맡긴다. 부모가 무리한 요구를 해도 일단 하려 들고, 해내지 못하면 불효를 저지른 나쁜 자식이라도 된 양 죄책감에 시달린다.

가스라이팅은 연인 관계는 물론 부모-자식 간에서도 자주 일어난다. 친밀한 관계에서는 '애착'과 '사랑'이라는 감정을 앞세우기 때문에, 지금의 행동이 가스라이팅에 해당되는지 헷갈리기도 한다.

의도치 않게 가스라이팅을 하지 않으려면 감정의 주체가 누구에게 있느냐를 생각해보면 쉽다. 부모의 감정을 우선 고려하게끔 하는 말은 아닌지, 그로 인해 아이가 죄책감을 느끼지는 않을지 말을 하기 전에 한 번 더 생각해보자.

"나는 네가 행복했으면 좋겠어."

아이를 역할과 기능, 쓸모가 아니라 존재만으로 행복한 아이로 바라보자. 부모의 그런 태도가 아이에게는 든든한 버팀목이 된다. 사랑과 애정이라는 가면을 쓰고 든든한 버팀목인 척하는 가스라이팅을 스스로 경계해야 한다.

◇◇◇◇◇◇◇◇◇◇◇ 짝이 마음에 안 든다는 아이

2학년 리하와 명환이는 둘 다 활발해서 짝이 된 첫날부터 '속닥속닥'과 '시끌시끌'을 반복했다. 명환이는 종종 리하의 거울을 허락 없이 가져가 리하 얼굴을 비춘다든지, 별명을 부르며 서툴게 관심을 표현했고, 리하는 알 수 없는 표정으로 명환이의 등짝을 후려치기도 했다.

며칠 후 체육시간, 짝과 공을 주고받는 놀이를 할 때였다. 리하는 명환이와 짝이 되고 싶다고 했고, 명환이도 흔쾌히 좋다고 했다. 한참을 둘이 사이좋게 공을 주고받으며 노는 걸 봤는데, 갑자기 리하 울음소리가 들렸다. 명환이가 던진 공에 리하가 맞았기 때문이다. 다행히 유아용 고무공이라 크게 다치지 않았고, 명환이는 바로 사과를 해서 잘 마무리 되었다.

그런데 그날 오후, 짝을 바꿔 달라는 리하 엄마의 문자 메시지를 받았다. 명환이가 어렸을 때부터 사건·사고를 달고 다니는 아이로 동네에 소문이 자자한데, 리하가 그런 아이와 짝이 되어 힘들어한다는 내용이었다. 일주일만 기다리면 짝 바꾸는 날이지만 리하 엄마는 당장 내일 바꿔 달라고 말했다.

바로 다음날 리하의 짝을 바꿔줬지만 리하 엄마는 새 짝도 영 내켜하지 않았다. 며칠 후 또다시 리하 엄마의 문자 메시지가 왔다. "정현이랑 같이 2분단 둘째 줄에 앉혀주세요." 원하는 자리와 짝을 지정한 문자 메시지였다. 리하 엄마는 그러길 몇 차례 반복하다 이제는 학교가 마음에 들지 않는다는 말을 내비쳤다. 그러더니 결국 리하를 근처 다른 초등학교로 전학시켰다.

부모는 자녀 곁에서 흔들리지 않는 버팀목이어야 한다. 든든한 버팀목은 흔들림 없이 아이 곁을 지켜주지만, 거추장스러운 실패와 방햇거리를 직접 제거해주지는 않는다. 리하 엄마는 버팀목이 아니라 리하 앞의 장애물을 미리 제거해주는 전형적인 '잔디깎이 부모'다. 친구가 마음에 들지 않으면 대신 혼쭐을 내주고, 그래도 거

슬리면 자리도 바꿔주며, 각종 장애물이 많은 학교라 판단되면 전학도 마다하지 않고 환경을 통째로 바꿔준다. 자녀 주변을 빙빙 돌며 감시하는 '헬리콥터 부모'를 넘어선 경우다.

마음에 들지 않는 짝, 원치 않는 자리, 고무공에 맞아서 속상한 감정 등, 2학년 아이에게 찾아오는 평범한 좌절 경험을 엄마의 능력으로 깔끔하게 치워주는 행동이 아이에게 유익할까?

리하와 명환이 사례를 보고 '이 엄마 너무하네'라고 느꼈을지 모른다. 하지만 말썽꾸러기 짝, 마음에 안 드는 자리, 친구와의 다툼에 호수 같은 평정심을 유지할 부모도 드물다. 그렇다고 누구나 리하 엄마처럼 나서는 건 아니지만 말이다. 이런 상황에서는 어떻게 대처해야 현명할까? 실패(사건)의 크기에 따라 부모의 개입 정도가 결정된다.

◎ "마음에 안 드는 애랑 짝이 되었어요"

짝은 바뀐다. 한걸음 물러서서 지켜봐도 큰일이 생기지 않는다. 일정 기간이 지나도 짝이 바뀌지 않는다면 아이가 담임 선생님께 직접 말하면 된다.

"선생님, ○○랑 두 달 연속 같이 앉았어요. 다른 친구들과도 짝이 되고 싶어요."

◎ "친구가 놀리며 괴롭혀요"

아이를 학교에 보내면 누구라도 한 번은 겪는 일이다. 그만큼 흔한 일이지만 막상 내 아이 일이 되면 그냥 넘겨지지 않는다. 애들 다툼에 개입하자니 유치한 것 같지만 실제로 아이들만큼 부모도 밤잠 설치는 문제다.

단순히 '애들 장난'이겠거니 넘기면 곤란하다. 말이나 표정으로 놀리는 행위도 엄연한 폭력이다. 당하는 아이가 별것 아니라 여기면 그나마 장난으로 넘길 수 있지만, 조금이라도 몸과 마음에 상처를 입었다면 폭력이라는 것을 알려줘야 한다.

① 아이의 마음 살펴보기

아이가 장난으로 받아들인다면 일단 한걸음 물러서서 지켜보길 권한다. 반면 몸과 마음에 상처를 입었다면 적극적으로 개입해야 한다.

② 친구에게 직접 마음을 전달하게 하기

개입은 부모가 두 팔 걷어붙이고 나서라는 말이 아니다. 불편을 겪는 당사자인 내 아이가 직접 해결하도록 용기를 주는 것이 우선이다. 아이가 유치원을 다닐 때는 부모가 적극적으로 나서서 갈등을 중재해야 하지만, 초등학생이라면 직접 말하게 하여 자기 생각을 전달하게끔 도와야 한다.

"네가 돼지라고 놀리니까 기분 나빠. 앞으로 놀리지 않았으면 좋겠어."

똑 부러지게 말하되, 감정은 최대한 절제하고 말하도록 연습시키자. 울면서 말하거나 화내면서 말하면 의견이 감정에 감춰질 수 있다.

③ 담임 선생님께 직접 말하게 하기

괴롭히는 친구에게 직접 말해도 해결되지 않는 경우가 많다. 이럴 땐 아이에게 담임 선생님께 지금 상황을 전하라고 해야 한다. 고자질하는 것처럼 여겨질까 봐 걱정하면 글로 적어서 전달하게 해도 좋다.

④ 담임 선생님과 상담하기

아이가 담임 선생님께 말을 했는데도 괴롭힘이 멈추지 않는다면 이때는 부모가 담임교사에게 상담을 요청해야 한다. 상황이 개선되지 않아 자녀가 여전히 힘들어한다고 전하고, 조금 더 적극적으로 지도를 해달라고 요청해야 한다. 학교 폭력은 작은 괴롭힘이나 따돌림에서 시작된다. 관계가 너무 멀어지기 전에 괴롭힘의 정도가 심해지지 않도록 적극적인 관심과 지도가 필요하다.

◎ "친구가 던진 공에 맞았어요"

학교에서 하는 신체 활동에는 공을 가지고 노는 활동이 꽤 많다. 체육 시간뿐만 아니라 점심시간에도 아이들끼리 편을 짜서 피구나 축구를 즐긴다. 피구나 축구를 하다 보면 공에 맞는 일이 많고, 세게 맞아 우는 아이도 많다. 이럴 때는 '일부러' 맞혔는지 아닌지에 따라 개입할지 말지를 정한다.

의도한 게 아니고 게임을 하다가 자연스럽게 맞은 경우라면 상대에게 사과를 받고 넘어가게 하자. 더불어 지나치게 심각하게 여기지 않도록 잘 토닥여주자. 반면 누가 봐도 일부러 맞힌 걸로 보일 때가 있다. 그럴 때는 적극적으로 개입해서 해결해야 한다. 담임 선생님에게 도움을 구하자.

◎ "친구가 자꾸 돈을 (빌려) 달라고 해요"

교사들은 학생들이 학교에 큰돈을 가지고 다니지 않도록 지도한다. 학교에서는 물론이거니와 등하굣길에서도 큰돈이 필요할 만한 일이 없기 때문이다. 큰돈을 들고 다니면 불미스러운 사건에 휘말리기 쉽다. '무서운 범죄에 휘말리는 건가?'라는 상상의 나래가 펼쳐지는 것 말고도 학급 내에서도 복잡한 금전 관계가 생길 수 있다.

저학년들은 단순한 호기심이거나 당장 갖고 싶은 마음을 누르지 못해 "나 하나만." 느낌으로 "나 천 원만."을 말하는 경우가 많다. 아예 문방구에서 물건을 사달라고 조르기도 한다. 일방적이거나 습관적인 경우라면 개입하고 아니라면 두고 본다.

반면 고학년이라면 한 번이라고 해도 개입해야 한다. 단순한 호기심이라고 보기 어렵기 때문이다. 옳고 그름을 충분히 판단할 만한 나이임에도 돈을 빌려달라거나 게임 아이템을 대신 사달라고 하는 건 지도가 필요한 문제 행동이다. 이럴 때는 상대방에게 '안 된다'고 정확하게 말함과 동시에 담임 선생님에게 꼭 전달하게 해야 한다.

부모는 평소에 이런 일이 생기면 친구와 담임 선생님께 직접 말하도록 지도해야 한다. 아이가 너무 어리거나 전달력이 부족하면 그때는 부모가 직접 전달해도 좋다. 다만 어떤 경우라도 상대방 부모님에게 연락해서 직접 해결하려 하지는 말자. 감정은 상할 대로 상하고 일은 전혀 해결되지 못하는 경우가 많다. 중재자인 담임 선생님을 활용하는 게 현명하다.

◎ "친구들이 단톡방에서 따돌려요"

학급 내 따돌림은 담임교사의 눈에도 들어온다. 하지만 단톡방이나 SNS에서의 은근한 따돌림은 담임교사가 알아채기 어렵다. 안타깝게도 대면 갈등보다 비대면 갈등 즉, 단톡방이나 SNS 속 갈등이 점점 늘어나는 추세다.

카톡이나 SNS를 줄여 문제 상황을 줄이는 게 좋지만 강제하기 힘드므로, 문제가 생겼을 때 어떻게 대처해야 하는지 미리 알아둬야 한다. 단톡방이나 SNS에서 따돌림당하거나 상처받는 일이 생긴다면 해당 화면을 캡처한 후에 담임 선생님께 전달하자. 따돌림 문제는 아이들끼리 해결하기 어려운 부분이므로 교사가 중재할 수 있도록 하는 게 최선이다.

아이들에게 뭐든 다 해주고 싶고, 모든 위험과 역경으로부터 보호해주고 싶은 게 부모의 마음이다. 하지만 스스로 숟가락을 들지 않아도 배를 채울 수 있는 마법 같은 도움이 언제까지 긍정의 결과를 낳을 수 있을지 반문해봐야 한다. 부모가 선을 넘어 개입하는 것은 애써 찾아온 실패 경험을 빼앗는 셈이다. 개입하고 싶어도 조금만 참자. 아이도 이겨낼 수 있다. 눈 딱 감고 기회를 주자.

회복탄력성은 쉬어야 충전된다

잠시 쉬어가도 괜찮아

누구나 실패와 역경을 겪는다. 그런데 이런 과정을 시간이 지나면 괜찮아질 거라 생각하고 방치하면 다시 일어설 수 있는 힘이 약해진다. 실패의 상처는 저절로 치유되지 않을 수 있고, 제대로 극복하지 못하면 더 깊은 상처를 남기기도 한다. 아프니까 청춘이기에 내버려둬도 된다는 생각은 위험하다.

오늘도 우리는 희로애락의 어느 한 지점에 서 있다. 삶은 기쁨과 고통 사이에 크고 작은 스트레스로 메워져 있다. 이는 비단 어른들만의 이야기가 아니다. '어디 콩만 한 게'라며 아이의 감정에 무시라는 돌을 던질 수 없다.

최근 조사에 따르면 대한민국 자살률은 10만 명당 26.9명으로 전 세계에서 다섯 번째로 높고 OECD 국가 중에서는 가장 높다. 그 중 청소년 비중은 8.2명으로 OECD 회원국의 청소년 자살률보다 1.4배 높다. 자살과 같은 극단적 상황까지는 아니라도 불확실한 미래, 심각한 학력 압박, 교우 관계, 가정불화 등 다양한 내부적·외부적 스트레스 상황에 놓인 아이들이 많다.

아이들에게도 실패라는 스트레스 상황에서 몸과 마음이 안정감을 찾을 수 있도록 돕는 '쉼'이 필요하다. 곧바로 일어서라는 말 대신, "잠시 쉬어가도 괜찮아."라는 위안의 말이 필요하다. 어른이든, 아이든 실패 뒤에는 적당한 충전을 할 수 있도록 잠시 여유를 가지자. 실패로 인해 뒤처졌다고 채근하지 않아야 한다. 멍 때리면서 쉬는 시간과 하루 이틀쯤 아무것도 하지 않는 시간이 필요하다.

다른 집 애들 다 달려 나가고 있는데 우리 애만 제자리에 머물러 있는 것 같다고 조급해하지 않아야 한다. 아이가 아무것도 하지 않고 뒹굴거릴 때 오히려 스트레스를 받는다면 독서와 운동을 권하자. 독서와 운동은 스트레스 상황에서 조금 더 빨리 안정감을 찾는 방법이다. 멍을 때리든, 독서를 하든, 운동을 하든, '쉬어도 괜찮다'는 것을 기억하는 일이다.

툭하면 미안하다는 아이

3학년 아이들과 급식을 먹고 있을 때였다. 수영이가 내 앞으로 급식 판을 가지고 와서는 갑자기 "죄송합니다."라고 말했다. 내가 "뭐가 죄송해?"하고 물으니 "나물을 남겨서요."라며 눈으로 식판에 남아 있는 시금치를 가리켰다. "음식을 남긴 건 네가 죄송해할 일이 아니야. 다음에는 조금 더 먹어보면 되지."

자신의 실수나 실패에 유독 미안한 감정을 가지는 아이들이 있다. 나물을 남긴 것은 큰 실수나 실패에 속하지 않는데도 수영이는 죄송하다고 표현한다. 비슷한 상황이 참 많다. 그림을 그리다가 망쳐도 "선생님, 죄송해요. 실패했어요.", 급식 판을 자리로 가져가다 실수로 엎질러도 "선생님, 죄송해요.", 해야 할 일을 다 하지 못해도 "엄마, 계획을 못 지켜서 미안해요. 다음부터는 잘 지킬게요."라고 말한다.

'미안해요'는 사과의 말이다. 사과는 상대의 용서를 구하는 말이다. 하지만 위의 상황은 사과를 해야 할 상황도, 용서를 구해야 하는 상황도 아니다. 그림을 그리다가 실패했으면 다시 하면 되고, 식판을 엎질렀을 땐 닦으면 된다. 실수도, 실패도 할 수 있는 게 아이다. 부모는 실수를 용서해주는 사람이 아니라 다시 할 수 있도록 격려해주는 사람이다.

"엄마가 조심하라고 했잖아. 조심성이 없으니까 맨날 실수하지. 이번만 용서해주는 거야. 다음부터는 봐주는 거 없어."라는 말 대신 "이건 용서받을 일이 아니야. 다시 하면 되는 거야. 이렇게 하면 실수를 줄일 수 있을 거야. 새로운 기회가 생겼네. 다시 해보자."라고 말해주자.

실수나 실패에 죄책감을 느끼지 않도록 도와야 한다. "언제든 실수할 수 있어. 누구든 실패할 수 있어. 중요한 건 다시 도전해보는 거야."라고 말해주자. 실수를 나쁜 짓으로 여기게 되면 다시 도전하기 힘들다. 아무것도 하지 않으면 실패할 일도 없겠지만, 이런 삶은 이미 실패한 삶과 다름없다.

뭐든 안 하려는 아이

"선생님, 저는 안 할래요."

어떤 활동이든 먼저 안 하겠다고 선언부터 하는 아이들이 있다. 발표, 새로운 놀이 활동, 줄넘기 등 해보기도 전에 못 한다고 손사래 치는 아이들이다. 타고나기를 예민하고 불안도가 높아서 일수도 있지만, 실패할 일은 도전조차 하지 않는 완벽주의 성향을 가진 아이일 수도 있다. 하지 않겠다는 아이에게 필요한 건 '인정'과 '기다림'이다.

◎ 인정해주기

"너 잘 되라고 피아노도 시키고 미술학원도 보냈더니 왜 못한다고 그래? 남들은 다 하잖아. 잘할 수 있다고 생각해." 이 말이 '인정'의 말처럼 들리는가? 언뜻 들으면 잘할 수 있다고 응원과 격려를 하는 듯하지만, 부모로서 자식에게 들인 물질적인 노력과 다른 사람과의 비교가 내포되어 있다.

조급한 마음에 부모 손으로 등 떠밀어봤자 좋은 결과를 보기 어렵다. 우선은 인정해야 한다. "왜 못해?"가 아니라 "그럴 수도 있어.", "엄마도 어렸을 때 그랬어.", "오늘은 하기 싫구나!"와 같이 인정하는 태도를 보이자.

◎ 기다려주기

그다음은 기다림이다. "용기가 생겼을 때 말해줘.", "엄마가 기다려 줄게.", "엄마도 너만 할 때 도전이 힘들었는데 하고 나서 보니 별것 아니었던 적이 많았어."라고 말해주자.

◎ 도움이 필요한 상황인지 파악하기

인정과 기다림의 태도를 장착했다면 도움이 필요한 상황인지 파악해야 한다.

"엄마, 내일 수학 단원평가 친대. 학교에 가기 싫어." 수학 시험이 두려워서 학교에 가기 싫다는 아이에게 "그래, 수학 시험을 치는 게 걱정되는구나." 하며 아이의 마음을 인정해줬다면 그다음으로 부모가 해야 할 행동은 무엇일까? "그래, 괜찮아. 기다려줄게."로 마무리하면 될까? 뭔가 찜찜하지 않은가? 그렇다. 기다림에 앞서 '도움'이 필요하다.

잘하고 싶지만 잘할 수 없는 아이의 현실을 객관적으로 봐야 한다. 도움이 필요한 부분이 있다면 적극적으로 도와야 한다. 예를 든 수학은 위계성이 뚜렷한 과목이다. 여러 과목 중에서 수학을 포기하는 학생, 즉 수포자가 쏟아져 나오는 이유도 수학의 학문적 특성 때문이다. 지금 학습 결손이 보인다면 그 부분을 메워야 다음 단계로 나아갈 수 있다. 마냥 기다린다고 해결될 문제가 아니다.

"나눗셈이 어려웠지? 오늘은 나눗셈이랑 단짝인 곱셈 공부하고 내일은 나눗셈 공부할까? 새 문제집을 한 권 살까? 네 마음에 드는 문제집을 골라보자." 도움이 필요한 상황이라면 적극적으로 도움을 준 뒤 차분하게 기다리자.

회복탄력성은 배움의 완성이다

학습은 가장 안전한 실패 경험이다

회복탄력성을 길러주려면 실패 경험이 필요조건이라고 거듭 말했다. 이때 실패 경험은 '안전한' 실패 경험이어야 한다. 우리 아이들 수준에서 안전한 실패 경험에는 어떤 것이 있을까? 아이에 따라 천차만별이겠지만 많은 아이에게 공통적으로 해당하는 안전한 실패 경험은 학습 경험에서 찾을 수 있다.

흔히 학습 경험이라고 하면 공부나 시험과 같은 상황을 떠올리지만, 뭔가를 배우는 모든 상황이 여기에 속한다. 걸음마, 자전거, 사칙연산, 외국어, 요리 등 어른, 아이 할 것 없이 사람은 죽을 때까지 배우는 과정에서 시행착오를 거치며 성장한다. 다시 말해 학습 실패 과정을 겪으면서 온전히 내 지식과 기능으로 습득되는 것이다.

그런데 자녀의 학습을 거꾸로 돕는 부모가 있다. 틀리지 않게 도와주는 부모다. 몇 문제라도 더 맞히고 오답을 줄이도록 돕는 게 지금 당장 원하는 점수를 가져다줄 수는 있지만, 정작 중요한 시험에서는 좋은 결과를 보장받지 못한다. 자녀의 학습을 돕고 싶다면 실패, 즉 오답은 허용하되 자신의 힘으로 오답을 고칠 기회를 줘야 한다.

선행학습은 회복탄력성의 적이다

요즘은 학년을 가리지 않고 선행학습을 하는 게 필수처럼 여겨진다. 초등 3·4학년은 5·6학년 과정을, 초등 5·6학년은 중학교 과정을 '떼야 한다'라는 게 '기본'이라는 듯 말한다. 부모가 선행학습을 시킬 수밖에 없는 이유는 무엇일까? 가장 먼저 떠오르는 이유는 '뒤처질까 봐'서다.

남들 다 선행을 하는데 우리 아이만 현재 진도에 머물러 있으면 누가 봐도 뒤처져 보인다. 초등학교에서는 백분위 점수로 나오는 시험이 많지 않다 보니 "요즘 수학 몇 학년, 몇 단원 공부해?"가 성적의 지표처럼 여겨진다. '실력=진도'처럼 인식되어 진도를 빼다 보니 선행학습이 '기본 학습'으로 굳어지는 모양새다.

문제는 선행학습을 받아들일 수 있는 아이가 거의 없는데 너도 나도 진도 빼기에 급급하다는 것이다. 지난 20년간 만난 수많은 학생 중 현행학습에만 머물러 있기에는 아깝다고 느낀 학생은 다섯 손가락 안에 꼽을 정도로 극히 드물었다. 다섯 손가락 안에 꼽힌 아이들은 아래와 같은 경우였다. 혹시 내 아이가 아래 항목에 모두 해당하는 게 아니라면 선행학습은 미루는 게 좋다.

① 자발적인 학습 동기를 가지는가?

"엄마, 그다음 공부도 하고 싶어요."라며 시키지도 않은 공부를 찾아서 하는 경우다. 알아서 다음 수학 단원을 찾아보거나 영어책 읽기에 푹 빠져 시키지도 않은 원서 읽기를 한다면 자발적인 학습 동기를 가졌다고 볼 수 있다. 하지만 부모나 학원에서 시키기 때문에 억지로 진도를 나가는 경우라면 선행학습의 효과를 기대하기 어렵다.

② 배운 내용의 개념을 논리적으로 설명할 수 있는가?

'문제를 풀 줄 아는가?'가 아니라 '개념을 아는가?'를 확인해야 한다. 가령 교과서를 보지 않고도 배운 내용을 논리적으로 설명할 줄 알아야 개념을 안다고 볼 수 있다(백지에 쓴 글을 보고도 알 수 있다). 문제를 풀 줄 아는 것과 개념을 아는 것은 전혀 다르다.

예를 들어 근의 공식이 유도되는 과정과 개념은 이해하지 못해도 공식만 외우고 있으면, 기본 개념 문제는 공식에 숫자를 대입하여 답을 도출할 수 있다. 근의 공식 문제를 풀 수 있다고 삼차방정식, 근과 계수와의 관계로 넘어가면 어느 순간부터는 진도는 진도대로, 아이는 아이대로 각자 다른 길을 걷게 된다.

③ 학교 수업에 흥미를 유지할 수 있는가?

선행학습을 통해 배운 내용을 학교에서 다시 공부하더라도 흥미를 잃지 않고 공부할 수 있어야 한다. 하지만 많은 아이가 적당히 알고 있는(알고 있다고 착각하는) 학습 내용을 이미 다 배웠다며 상당히 지루해한다. 졸면서 봤던 영화라도 어쨌든 한 번 본 영화는 다시 보기 싫은 느낌을 떠올려보면 이해가 될 것이다.

④ 학습량을 감당할 수 있는가?

선행학습을 하면 학습량이 두 배 이상 늘어난다. 보통 학교에서 현행학습을 하고 사교육기관에서는 선행학습을 하는데, 각각 배우는 시간과 익히는 시간이 필요하다. 선행학습을 한다고 현행학습을 놓아선 곤란하다. 현행은 현행대로, 선행은 선행대로 예습과 복습을 챙겨야 하는데, 그만큼의 학습량을 모두 소화할 수 있어야 선행학습의 효과를 기대할 수 있다.

⑤ 현행학습의 성취도가 100%에 가까운가?

현재 배우는 학습이 완벽에 가까운 성취도를 보여야 다음 진도로 나갈 수 있다. 수학을 기본→응용→심화 (가능하면 사고력까지) 순으로 큰 어려움 없이 잘하고 있다면, 다음 진도를 고려할 수 있다. 만약 현행학습에서 어려움이 발견되면 '속도'보다 '깊이'를 고려한 공부를 해야 한다. 선행학습을 쳐다볼 여유가 없다는 말이다.

⑥ 현행학습, 독서, 운동, 글쓰기, 휴식 시간을 빼고도 여유가 있는가?

현재에 충실한가를 묻는 질문이다. 만약 현행학습, 독서, 운동, 글쓰기, 휴식을 하고도 시간이 남는데다가 앞에서 말한 다섯 가지 조건을 '모두' 충족한다면 선행학습을 해도 무방하다.

◎ 선행학습은 감당하기 힘든 실패 경험이 될 수 있다

6학년 제경이는 특별한 사교육 없이 최상위권 성적을 유지하던 아이였다. 제경이는 부모님의 권유로 국제중학교 입시를 준비하기로 결정하고 6학년 여름방학 직전에 특목중 입시학원에 등록했다. 국제중학교 입학뿐만 아니라 입학 후 학교 수업을 따라가려면 선행학습이 필수라는 주변의 조언 때문이었다. 그때부터 제경이의 학습은 갈 길을 잃었다. 제경이는 선행학습 진도를 따라가기에 바빠 학교 공부에 소홀할 수밖에 없었고, 쉬는 시간도 반납한 채 책상에 앉아 숙제와 씨름해야 했다.

자연스럽게 친구들과의 관계도 소원해졌다. 어려운 학습 내용 탓인지 자신감이 급격하게 떨어졌다. 배운 내용을 소화시키지 못한 채로 새로운 내용을 집어넣다보니 토하기 직전이었다. 그해 겨울, 제경이는 힘들게 준비했던 국제중학교에 합격하지 못했다.

제경이에게 선행학습은 감당하기 힘든 실패 경험이었다. 분명 사교육 없이 최상위권 성적을 유지하던 똑똑한 아이였는데 말이다. 학습은 가장 안전한 실패 경험이다. 하지만 학습이 안전한 실패 경험이 되려면 아이가 감당할 수 있는 수준이어야 한다.

현재 수준보다 약간 앞서는 정도, 주어진 시간에 해결할 수 있는 과제량이어야 실패해도 다시 도전할 수 있다. 진도 빼기에 급급한 선행학습은 아이 발달 단계에 맞지 않을 가능성이 크다. 그러다 보니 아이는 이겨내지 못할 학습 실패를 경험하게 되었다. 이것이 선행학습이 회복탄력성의 적인 이유다.

◎ 선행학습은 잘 안다는 착각을 불러일으킨다

많은 부모가 자녀를 과대평가한다. (동시에 과소평가해서 많은 부분을 대신해주며 자율성을 해치기도 한다.) 그러다 보니 무리한 선행학습도 내 아이에게는 무리가 아닐 거라 착각한다. 문제는 선행학습을 한 아이들조차 배운 내용을 잘 안다고 착각한다는 것이다. 선무당이 사람 잡는다고 잘 알고 있다고 착각하는 순간, 수업 집중도는 급격히 떨어진다. 학교에서 가장 많은 시간을 공부하는데 이렇게 가장 길고 중요한 시간을 허비해버린다.

상위권과 최상위권을 결정짓는 것이 메타인지 능력이다. 잘 알고 있는 내용보다 잘 모르는 내용에 더 집중하고 오류를 줄여나가야 최상위권으로 갈 수 있다. 아는 내용이라고 착각하면 개념을 잘못 배우고도 오류를 수정하지 못한다. 이렇게 수업을 듣고 진도를 나가면 자신도 모르는 사이에 학습 결손이 커진다.

◎ 선행학습은 이후 학습에 대한 선입견을 갖게 만든다

학교 수업 때 다시 보면 되니 '대충 한 번 훑어봐라'라는 마음으로 선행학습을 시키는 부모도 있다. 우리가 어떤 영화를 대충 훑어봤을 때 난해하고 재미도 없다는 느낌을 받았다면 다시 그 영화를 보고 싶은 마음이 드는가? 대충 한 번 훑어보는 요량으로 선행학습을 하면 다시 만나고 싶지 않은 '함수 괴물', '방정식 귀신'과 같이 학습에 대한 안 좋은 인상을 남기기도 한다.

◎ 현행학습이 우선이다

만약 여러 이유로 선행학습을 시키고 있다면 현행학습도 놓치지 않아야 한다. 선행학습을 한 경우에는 다 알고 있다는 착각 속에 수업에 참여하거나 집중도가 떨어진 채 수업을 들을 가능성이 있다. 따라서 수업에 집중할 만한 동기를 마련해주는 것이 좋다.

◎ **학교 수업을 완전 학습의 기회로 활용해야 한다**

만약 선행학습을 하고 있다면 학교 수업을 복습 시간으로 활용하도록 하자. 이미 배운 내용을 상기시키며 열 개의 학습 내용 중 모르는 한두 개를 찾아보는 시간을 갖는 것이다. 이미 아는 내용이라는 생각에 수업 시간을 허비하기보다 모르는 내용에 집중하여 완성도 높은 학습을 하는 기회로 만들어야 한다.

◇◇◇◇◇◇◇◇◇◇◇◇ 성적 때문에 좌절하는 아이

입학 후 공식적인 첫 시험인 받아쓰기 시험이 있는 날이면 교실에는 묘한 긴장감이 감돈다. 1교시 시작도 전에 아이들은 어서 받아쓰기 시험을 치자고 성화다. 지난 저녁부터 아침까지, 엄마와 함께 특급 훈련한 받아쓰기가 기억 속에서 사라지기 전에 시험을 보고 싶은 것이다. 붕 뜬 마음으로는 수업 집중도가 떨어질 게 분명하기 때문에 1교시부터 시원하게 받아쓰기 시험을 친다.

시험 결과를 확인하는 아이들의 반응은 제각각이다. 백 점이라도 받은 아이는 누가 시키지 않아도 자기 점수를 큰소리로 외치며 다른 아이들의 점수에 관심을 보인다. 기대한 점수를 받지 못한 아이는 잔뜩 주눅 든 채 누가 볼세라 시험지를 서랍에 쑤셔 넣거나 구겨버린다. 급기야 찢어버리는 아이도 있다. 저학년뿐만 아니라 고학년도 마찬가지다. 과목별(특히 수학) 단원 평가지에 부모님 확인을 받아오라는 과제를 내면 몰래 찢어버리거나 잃어버려서 검사를 받지 못했다고 둘러대는 아이가 있다. 이렇게 점수에 민감한 아이는 어떻게 대하면 좋을까?

◎ 점수는 성공과 실패의 기준이 될 수 없다

시험 치는 모습을 지켜보는 나는 아이들이 얼마나 긴장하는지, 얼마나 최선을 다하는지, 풀리지 않는 문제 앞에서 머리카락을 얼마나 쥐어뜯는지 알고 있다. 그 모습을 눈으로 직접 보면 결코 점수는 아이를 평가하는 잣대가 될 수 없음을 깨닫는다. 아이들은 각자의 상황에서 나름대로 최선을 다한다. 하지만 언제나 좋은 성적이 나오는 건 아니다.

"원하는 점수가 나오지 않아서 속상하니? 하지만 '노력 점수'는 백 점인걸! 열심히 했다는 사실이 중요해. 노력 점수를 백 점 받는 사람은 결국 원하는 점수도 받을 수 있어. 너는 지금 잘하고 있는 거란다."

성적과 노력이 완벽히 정비례하는 건 아니다. 열심히 해도 원하는 점수를 받지 못할 수도 있음을 받아들여야 한다. 올랐다, 내렸다 하는 점수는 성공과 실패의 기준이 되지 않는다. 그저 순간순간의 성과일 뿐이다. 백 점을 받아왔든, 60점을 받아왔든, 그저 열심히 했다며 어깨를 쓰다듬어주자. 그걸로 충분하다.

'다음에는 잘해야지', '다음에는 이렇게 해야지'라며 조금씩 수정하고 보완해나가면 된다.

◎ 정답보다 오답을 반가워하라

시험지에 그려진 동그라미는 많을수록, 클수록 반갑다. 어떤 아이는 만점을 자랑하듯 시험지를 가득 채울만한 크기의 동그라미를 그려달라고 하기도 한다. 반면 앙칼지게 그어진 오답 표시는 달갑지 않다. 그래서 대각선으로 쫙 그어진 빨간 줄을 선생님 몰래 지우개로 지우다가 시험지를 찢기도 한다. 답을 고쳤으니 다시 동그라미로 바꿔달라는 아이도 있다.

문제를 푸는 건 몇 개를 맞고, 몇 개를 틀렸는지 개수를 세기 위해서가 아니다. 잘 알고 있는 내용과 그렇지 못한 내용을 확인하기 위해서다. (그래서 나는 시험지에 점수를 적어주지 않는다.) 문제를 풀었을 때 아는 내용만 나와서 다 맞았다고 좋아할 일이 아니다. 오답이 나와서 부족한 부분이 무엇인지 확인하고 해결할 수 있어야 문제를 푼 목적이 달성된다. 그런 의미에서 오답은 정답보다 더 반가운 존재다.

일반적인 오답 노트는 공책에 틀린 문제와 풀이 과정을 과목별로 정리하는 것이다. 막상 정리해보면 오답 개수에 따라 가볍게 하기도 하고 힘들어하기도 한다. 당연하다. 한두 문제야 힘들지 않게 다시 쓰고 풀 수 있지만, 많으면 누구라도 벅차다. 아무리 쓸모 있는 일이라도 아이 입장에선 벌처럼 여겨질 수 있다. 그럴 땐 쉬운 길을 찾아야 한다.

오답 노트를 쓰는 목적은 부족한 학습을 보충하여 학습 오류를 줄이기 위해서다. 목적을 달성할 수 있다면 굳이 틀린 문제를 힘들게 다시 쓰고 풀게 하지 않아도 괜찮다. 다음 과정을 따라해보자.

1. 틀린 이유를 말로 설명하게 한다. 대개 계산 실수(뺄셈할 때 받아내림을 안 함, 약분을 안 함, 곱셈인데 덧셈을 함 등)가 많고, 문제를 끝까지 읽지 않았거나 서술형 문제를 식으로 만들지 못해서다. 어쨌든 아이 스스로 말하게 하는 게 중요하다.
2. 틀린 문제를 다시 풀게 한다. 틀린 이유를 알면 쉽게 풀 수 있고, 풀리면 아이들도 재미있어 한다. 그러면서 같은 실수를 되풀이하지 않겠다고 다짐하기도 한다.
3. 다시 푼 문제의 풀이 과정을 설명하게 한다. 이렇게 말로만 하게 해도 오답 노트를 쓰는 목적을 달성할 수 있다. 아이 역시 힘들지 않아서인지 이 정도라면 가볍게 해내려고 한다.
4. 오답 저금통을 만들어서 오답 문제와 풀이를 넣어둬도 좋다. 중간고사나 기말고사를 볼 때 빠르게 점검하는 차원에서 풀어볼 수 있어 훌륭하다.

이마저도 힘들어하는 아이라면 틀린 이유를 말로 설명하고 다시 한 번 풀어보게 한 뒤, 오답만 잘라서 작은 통에 모아두도록 한다.

복습이 필요할 때 통에서 오답 문제를 꺼낼 때는 뽑기 하듯이 문제를 뽑아 다시 풀 수 있다. 한 문제씩 뽑아서 풀기 때문에 어떤 문제가 나올지에 대한 기대감에 오답에 대한 거부 반응도 줄어든다. 문제 뽑기 게임처럼 여러 차례 해보고 정답률이 높아진 문제는 버리면 된다. 오답 노트를 잘 쓰면 굳이 쉬운 길을 찾지 않아도 되지만, 힘들어하면 대안을 찾아야 한다. 그래야 오래 할 수 있고 그래야 목적을 달성할 수 있다.

한 우물만 파면 망하는 시대가 온다

초등학교 교사인 옥효진 선생님은 청소 담당, 환기 담당, 숙제 검사와 같은 1인 1역할의 개념을 환경미화원, 기상청장, 통계청장과 같은 직업의 개념으로 활용하여 학급을 운영한다. 반 아이들은 학급 내에서 직업을 가지고 월급을 받으며 세금을 낸다. 어느 날, '방역 요원'이라는 직업을 가지고 있던 아이가 자동 손 소독기라는 새로운 기계가 등장하면서 실직을 하게 되었다. 예상치 못하게 실직이라는 현실을 학급 내에서 맞닥뜨리게 된 것이다.

실직은 비단 학급과 같은 모의 상황에서만 일어나는 일이 아니다. 현실은 4차 산업혁명에 코로나와 같은 바이러스가 더해져 언제 이직이나 실직과 같은 일이 발생할지 예상할 수 없다. 많은 부모가 자녀가 안정적인 직업을 가지고 평탄하게 살기를 바라지만 지금 안정적이라고 말하는 직업군이 미래에도 여전히 안정적이라 장담하기 어렵다.

세계경제포럼WEF은 2020년에 〈일자리의 미래〉라는 보고서를 발표했다. 2020년부터 향후 25년간 8.5천만 개의 일자리가 자동화로 대체되고, 9.7천만 개의 새로운 일자리가 창출될 것이라고 한다. 따라서 우리 아이들이 살아갈 미래 사회에서는 한 사람이 가지는 직업의 수가 평균 6~8개로 예상한다.

한 우물만 파던 우리 세대의 시대는 끝났다. 열심히 공부해서 좋은 대학 가고 취업하는 것까지가 과거의 진로 교육이었다면, 지금은 평생직장이라는 개념이 무너졌음을 받아들여야 한다. 직업을 바꿀 수도, 직업이 하는 일 자체를 바꿀 수도, 직업을 새로 만들 수도 있다고 진로에 대한 사고를 전환해야 한다. 여기서 주목받는 능력이 진로 탄력성이다.

진로 탄력성은 진로 문제와 관련하여 위기 상황에서도 빠르고 효과적으로 회복하는 능력을 말한다. 바로 진로에 관한 회복탄력성이다.

자유학기제와 고교학점제에 대비하는 진로 탄력성

국가 수준 교육과정에서 추구하는 진로 교육의 목표는 초등학교 수준의 '자기 이해', 중학교 수준의 '진로 탐색', 고등학교 수준의 '진로 계획'으로 확대된다. 최근 2022 개정 교육과정의 기본 틀이 발표되면서 진로에 관한 관심이 더 커지고 있다. 현재 중학교에서 시행 중인 자유학기제·자유학년제나 2025년부터 전국 고등학교에 시행될 고교학점제 또한 진로 교육을 강화하고자 만들어진 정책이다.

나는 고교학점제와 관련하여 강의하면서 많은 부모가 제도 변화에 대해 방어적인 태도를 보일 뿐만 아니라 시행 내용에 대해 오해를 하고 있다는 것을 알 수 있었다. 새로운 패러다임을 수용하고 변화에 유연하게 적응하라고 아이들을 교육하기 전에 우리 기성세대부터 사고를 전환해야 한다.

특히 고교학점제에서는 국가에서 정해주는 교육과정에 따라 수업을 듣던 과거의 교육 패러다임에서 벗어나 개인의 적성을 인정하고 자신에게 필요한 배움을 찾을 수 있도록 선택 과목의 폭을 넓혔다. 일부 학부모는 아이가 고등학생일 때 진로를 완전히 결정해야 관련성이 높은 과목을 수강하고 이수할 수 있는 것 아니냐는 걱정 섞인 불만을 토로한다. 틀린 말은 아니다. 하지만 아이들이 대학 입시를 앞두고 내신 성적과 수능점수에 따라 지원 가능 학교와 학과를 골라 가던 시대가 더 낫다고 할 수는 없다. 결국 전공이 적성에 맞지 않아 중도에 휴학하거나 다시 수능을 보는 경우가 허다하지 않던가?

진로 탄력성은 조금 더 미리 내가 좋아하고 잘하는 것을 탐색해서 진로를 계획해보는 경험을 제공하는 것이다. 아이는 자신이 좋아하고 잘하는 것과 관련 있는 직업군을 탐색하고 경험의 기회를 가져보면 좋다. 자신의 적성과 재능 안에서 직업에 대한 다양한 선택지가 있음을 아는 것도 중요하다. 굳이 한 우물만 팔 필요가 없다.

단, 흥미와 적성에 맞아야 한다. 문과 또는 이과 체질 정도의 이분법적인 적성 나누기를 넘어 조금 더 자신을 알아야 한다. 자신을 알아야 변화에 적응하기 쉽다. 명심해야 하는 것은 고래에게 나무 타기의 기술을 배워야 한다고 강요할 필요가 없다는 것이다.

우리는 불확실을 넘어 초불확실 시대를 살아가고 있다. 기술의 발달로 매일 다른 환경 속에서 자기 자신을 혁신하며 살아야 하는 시대가 왔다. 평균 수명은 길어지고 고용 안정성은 떨어지고 있다. 오늘 배운 지식이 언제까지 쓸모 있을지도 모른다. 평생직장의 의미는 사라지고 변화에 발 빠르게 대응해서 새로운 일에도 도전하는 힘을 길러야 한다. 이것이 진로 탄력성이 필요한 이유다.

진로 탄력성을 받쳐주는 가장 중요한 태도는 실패와 좌절에도 다시 일어설 수 있는 회복탄력성이다. 실패에 대한 불안감은 재도전을 망설이게 한다. 도전이 없으면 가치를 창출해낼 수 있는 발화점을 맞추지 못한다. 실패를 두려워하지 않는 힘, 다시 일어서는 힘이 절실히 필요한 때다.

"나는 실패를 믿지 않는다. 그 과정을 즐겼다면 실패가 아니다." 라고 말한 오프라 윈프리, "저는 행운아입니다. 일밖에 모르던 내가 사고 후에 오히려 희망이 무엇인지 알게 되었습니다."라며 40대에 교통사고로 전신 마비를 겪게 되고도 행운아라고 표현하는 이상묵 서울대 교수, 독일 나치의 포로수용소에서 살아 돌아온 생존자들, 도산 위기에 몰렸다 회생하는 기업들, 그 외 크고 작은 역경과 시련을 이겨낸 우리 주변의 평범한 사람들. 하지만 역경과 시련을 겪은 모든 사람이 이렇게 생각하는 것은 아니다. 사람마다 가지고 있는 회복탄력성의 정도가 다르기 때문이다.

역경과 시련을 극복하고 그것을 발판 삼아 도약한 사람들은 이미 선천적으로 회복탄력성을 물려받은 것일까? 아니다. 모든 사람의 회복탄력성은 길러지는 것이다. 특히 인지능력보다 비인지능력을 향상시키는 교육이 아동기 후반부에 더욱더 효과적이라고 하니 항상 늦었다고 여기기 일쑤인 부모로서는 더욱 반가운 일이 아닐 수 없다.

비인지능력 중에서도 특히 회복탄력성은 스트레스 상황에 대한 역치를 높여줄 수 있는 강력한 태도다. 스트레스를 조절하고 자기 감정을 조절하는 능력은 사춘기를 지나 성인이 되어서도 얼마든지 개선될 수 있는데, 아동기 후반부와 청소년기가 비인지능력을 기르는 적기라는 사실을 잊지 말자.

에필로그

자녀는 부모의 거울이다

◇◇◇◇◇◇◇◇◇◇◇ 거울 신경세포의 경고

"첫째도 본보기요, 둘째도 본보기요, 셋째 역시 본보기다." - 알버트 슈바이처

뇌 신경세포인 뉴런 중에는 거울 신경세포mirror neron라는 게 있다. 거울 신경세포는 사람이 특정한 움직임을 할 때나 다른 움직임을 관찰할 때 활성화되는 신경세포다. 아이에게 밥을 먹여줄 때 자신도 모르게 같이 입을 벌리거나 영화를 몰입해서 보다가 주인공이 울면 따라서 눈물이 난 경험을 떠올려보자. 바로 거울 신경세포 때문이다.

이탈리아의 신경 생리학자 자코모 리졸라티가 이끄는 연구팀은 원숭이가 직접 땅콩을 집을 때 활성화되는 뇌의 부분과 다른 사람이 땅콩을 집는 모습을 원숭이가 지켜봤을 때 활성화되는 뇌의 부분이 같다는 걸 발견했다. 이 뇌의 부분을 거울 신경세포 또는 감정이입 세포라고 부른다. 인간이 사회적 존재라는 철학적 명제를 과학적으로 증명한 최초의 발견이었다.

거울 신경세포는 가까이에 있는 사람들의 행동과 감정에 쉽게 동화되게 만들고 공감 능력을 키워주기도 한다. 여기서 중요한 것은 우리 부모의 생각과 말, 행동이나 습관이 자녀에게 전해지고, 아이는 그 모습에 동화된다는 점이다.

◇◇◇◇◇◇◇◇◇◇◇◇ 관찰 학습의 경고

미국의 심리학자 알버트 반두라는 관찰 학습으로 부모의 본보기를 설명한다. 학습자는 자신이 직접 몸으로 경험하면서 학습하기도 하지만, 타인이 강화받은 행동을 의식적으로 관찰하고 모방하는 대리적 경험vicarious experience을 통해서도 학습한다. 반두라는 아이가 어른들의 행동을 보고 어떻게 반응하는가를 연구하기 위해 보보 인형 실험을 했다.

실험은 쓰러뜨리면 다시 원래 자리로 돌아오는 오뚝이 인형 같은 보보 인형에게, 한 집단에는 어른이 공격하는 장면을 계속 보여주고, 다른 집단에는 어른이 보보 인형을 따뜻하게 대해주고 쓰다듬으며 친절하게 대하는 모습을 보여준다. 결과가 예상되는가? 공격적인 모습을 관찰한 집단은 보보 인형을 공격적으로 대했고, 친절하고 따뜻하게 대하는 모습을 관찰한 집단은 보보 인형을 쓰다듬고 따뜻하게 대했다.

실험에서 주목할 부분은 아이들이 행동뿐만 아니라 욕설이나 비속어와 같은 공격적 언어도 모방한다는 것이다. 반두라는 이를 모델링이라고 불렀다. 아이에게 관찰 학습의 일차적 대상은 부모다. 그래서 부모의 담화 방식을 비롯하여 습관과 태도를 관찰하며 학습한다.

아이가 모국어를 습득하는 과정도 부모를 관찰하고 모방하면서 완성된다는 것을 떠올려본다면 이해가 쉬울 것이다. 부모가 보여주는 삶의 모습이 어느 순간 아이의 삶에 그대로 나타난다. 그것이 긍정적이든, 혹은 부정적이든 말이다.

술주정뱅이에 폭력적이던 아버지를 보며 자란 아이가 자신은 절대 저런 아버지가 되지 않겠다고 다짐하지만 어른이 된 자신이 그토록 증오하던 술주정뱅이에 폭력적인 아버지가 되는 예도 있다. 관찰 학습으로 삶이 순환하고 고착화되는 경우다. 그래서 애들 앞에서는 찬물도 함부로 못 마신다는 말이 나온 것이다. 무심한 행동도 아이들에게 학습될 수 있기 때문이다.

자녀의 일차적 모방 대상은 누가 뭐라 해도 부모다. 그리고 모방은 가정 문화라는 복합적인 밈meme으로 전달된다. 사소한 행동 하나도 아이들은 그대로 따라 배우기 쉬우니 조심하라는 협박을 하려는 게 아니다. 평범한 아이 대부분은 부모로부터 건강하고 선한 영향력을 전달받는다고 믿어 의심치 않는다. 다만 나는 여기서 머무르지 않고 아이들이 누군가에게 선한 영향력을 줄 수 있는 아이로 성장하길 바란다.

◇◇◇◇◇◇◇◇◇◇◇◇ 아이의 문제 행동 뒤에는 문제 부모가 있다

"딩동댕동~ 딩동댕동~"

1교시 수업 시작을 울리는 종소리에 2학년 아이들은 일제히 교과서를 펴고 수업을 기다리고 있었다. 나는 한참이나 한 자리를 응시했다. 빈자리다. 재은이가 아직 학교에 오지 않았다. 재은이 엄마에게 문자 메시지를 보냈지만 답장이 없다.

"스르륵…."

뒷문이 열리며 재은이가 들어왔다. 아이들의 시선은 마치 약속이나 한 듯 재은이에게 가 있다.

"재은아, 왜 맨날 늦게 와?"

터벅터벅 걸어 들어오는 재은이에게 한 친구가 통명스럽게 물었다.

그렇다. 재은이는 정상 등교를 하는 날보다 수업 중간에 들어오는 날이 훨씬 많았다. 아이들도 재은이는 원래 그런 아이라고 여기고 있었다. 이미 수업이 시작되었기에 재은이의 지각 이야기는 거기서 멈췄다. 나는 수업을 마치고 재은이와 잠시 이야기를 나누었다.

"재은아, 학교에 왜 늦었어?"

"……"

대답을 안 한 것이 아니라 못하는 것일 가능성이 크다. 말하기 곤란할 수도 있지만, 학교에 늦은 이유를 스스로 파악하지 못할 수도 있다.

"재은이 오늘 몇 시에 일어났니?"

"7시 30분요."

기상 시간으로 7시 30분은 그리 늦은 시각이 아니다. 늑장 부리지 않았다면 학교에 늦지 않게 도착할 수 있다. 재은이는 아침에 옷을 고르느라, 책가방을 찾느라 시간이 오래 걸렸다고 했다. 평소 급식을 먹는 모습을 떠올려본다면 아침밥을 먹는데도 꽤나 시간이 걸렸을 것이다. 늦었다며 조급해하며 학교를 향해 뛰지도 않았을 것이다. (학교 근처 문구점에서 놀다가 교감 선생님 손에 끌려 교실에 들어온 적도 있으니 말이다.)

또 다른 어느 날, 역시나 9시가 다 되었는데도 재은이가 등교를 하지 않아 부모님께 연락을 드렸다. 수화기를 들고 연결음이 울리는 와중에 재은이가 입가에 빨간 소스를 가득 묻힌 채 교실 문을 열고 들어왔다.

"우리 재은이, 오늘 왜 늦었니?"

“스파게티 먹고 오느라고요….”

아…. 재은이 부모님과의 상담이 시급했다. 아이들이 하교한 뒤 재은이 부모님께 연락을 드리고 방문 상담 약속을 잡았다.

상담에서 만난 재은이 엄마는 ‘지각’이라는 행동을 전혀 개의치 않았다. 가족 모두가 아침잠이 많다고 했다. 그리고 특히 그날은 아침에 스파게티가 생각보다 잘되지 않았다고 웃으며 말했다.

여유 있게 등교한 학생들은 그야말로 여유롭게 학교생활을 할 수 있다. 아침 독서 시간이 시작되기 전, 담임 선생님이나 친구들과 도란도란 이야기를 나눌 시간이 있다. 수업 준비를 위한 시간도 넉넉해서 배울 내용을 미리 살펴볼 수도 있다. 주변을 정리 정돈하며 하루를 시작할 수도 있다.

재은이는 아침 시간에 여유로울 수가 없다. 아니 아침 활동 자체를 할 수 없다. 준비할 시간이 부족하기에 하루를 쫓기듯이 보낸다. 여유가 없기 때문에 친구들과의 관계에서도 소원하다. 재은이의 지각 습관은 불안정한 학교생활로 연결되고, 교우 관계에도 자연스레 문제를 일으킬 수 있다.

매우 사소하고 작은 습관, 특히 그것이 나쁜 습관이라면 예상보다 더 큰 결과로 이어질 수 있다. 원인의 크기가 사소하고 작더라도 그것에 비례한 결과가 아닌 제곱의 결과를 낳기도 한다. 이는 아이만의 문제는 아니다. 아이의 문제 행동 뒤에는 부모의 잘못된 양육 태도와 본보기가 있기도 하다.

아이에게는 엄격한 규율을 강요하면서 부모 자신에게는 관대한 경우도 좋은 본보기가 아니다. 마찬가지로 재은이 부모처럼 문제 행동을 전혀 개의치 않고 우리 가족은 원래 그렇다고 치부하면 아이는 개선할 의지를 다지지 못한다.

◇◇◇◇◇◇◇◇◇◇ 어떤 본보기가 될 것인가?

아이들이 어른들 말을 들어 먹는 일은 아주 오래전부터 '못하는 일'로 입증되었다. 하지만 아이들은 어른들의 행동을 흉내 내는 일에서는 단 한 번도 실패해 본 적이 없다. - 제임스 볼드윈

나는 특별한 일이 없으면 매일 새벽 5시에 식탁 앞에 자리를 잡는다. 직장 생활과 육아 사이에 나만의 시간을 만들기 위한 어쩔 수 없는 새벽 기상이다. 이보다 더 수월한 방법을 찾으려고 이리저리 궁리해보고 시간 분배를 달리해보았지만 신통한 방법은 없었다.

새벽에는 하루 중 가장 집중해야 하는 일을 한다. 아침에 일어나 무엇을 해야 할지 정하느라 어영부영 시간을 보내지 않으려고 지난 밤 할 일을 미리 정해두고 식탁 위에 올려둔다. 덕분에 간단한 물 세수 후에 마실 물 한 잔만 준비하면 바로 일을 시작할 수 있다.

나는 온종일 "엄마"와 "선생님"을 찾는 목소리를 수백 번 듣기 때문에 내 일에 온전히 몰두할 수 없다. 그래서 이른 새벽, 나만의 시간에 책을 읽기도 하고 글을 쓰기도 한다.

아침 6시가 조금 넘어 잠에서 덜 깬 아이들이 눈을 비비며 나온다. 식탁에 앉아 있는 나를 확인하고는 이내 곁에 자리를 잡는다. 한쪽 곁에는 책을 읽는 첫째가, 다른 한쪽에는 어제 마무리 짓지 못한 이야기책을 쓰고 있는 둘째가 앉는다. 우리는 서로에게 관심을 가지지만 간섭하지는 않는다. 각자의 아침 시간을 즐길 뿐이다.

◇◇◇◇◇◇◇◇◇◇ 부모의 습관에서 모든 것이 시작된다

가장 이상적인 자녀교육법은 부모가 좋은 습관을 가지는 것이다.

- 슈와프

태어나서 처음 본 주인의 노란 고무장화를 제 부모로 알고 따라다니는 것은 비단 오리만이 아니다. 아이의 삶과 앎도 세상에 태어나서 처음으로 만난 인연인 부모와의 관계 속에서 시작된다. 가정은 첫 번째 학교고, 부모는 첫 번째 스승이다. 가정과 부모는 그렇게 아이 삶의 첫 번째 주춧돌이 된다.

부모 또한 자식의 모습을 통해 자신을 되돌아보기도 한다. 부모의 말과 행동은 언제든지 자녀에게 큰 영향을 끼치는 한편, 부모의 모습도 자녀를 통해 비치기 마련이다. 자녀가 부모의 거울이기 때문이다. 부모는 자녀의 자아 개념 형성 과정 중 제일 먼저 영향을 주는 '중요한 타인significant others'이다.

학교를 다녀온 아이가 집에 도착하자마자 책가방을 바닥에 던져둔다. 엄마는 아이의 책가방 지퍼를 열고 수저통과 물통을 꺼내며 "학교 다녀오면 책가방 정리는 스스로 해야지."라는 볼멘 잔소리를 한다. '학교에 다녀오면 스스로 가방 정리하기'라는 습관이 형성되길 원한다면 엄마가 책가방 지퍼를 열면 곤란하다. 아이가 책가방에서 수저통과 물통을 꺼내 설거지통에 넣기까지 여러 차례 의도된 행동을 반복해야 한다.

엄마가 알아서 다해주는 환경에서, 아이는 습관을 만들 필요성을 느끼지 못할 수도 있다. 아이에게 독서 습관이 형성되길 바라는 마음에 흥미로운 책도 사주고 아늑한 독서 공간도 마련해준다. 아빠는 "책 좀 읽지?"라는 권유인 듯 강요인 듯한 말을 아이에게 하고 조용히 보다만 스포츠 하이라이트를 마저 시청한다. 너는 책을 읽거라, 나는 폰을 보겠다? 굉장한 모순이다.

온종일 각자의 일터에서 시달렸을 부모의 고단함을 누구보다 잘 안다. 피곤함에 읽히지도 않는 책을 아이를 위해 붙들고 있으라는 말로 들려 반감이 생길 수 있지만, 적어도 아이가 보는 곳에서는 조심하자. 부모는 가정의 물리적·심리적 환경을 만드는 가장 주도적인 역할을 하는 사람이기 때문이다. 간혹 아이에게 미치려는 의도가 아니었던 어떤 행위마저 아이에게 영향을 주고 있기도 하다. 함께 식사하는 동안 자연스럽게 가족의 식습관이 아이에게 전달되기도 한다. 물론 의도와는 관계없이 말이다.

저녁 식사 후 소파에 누워 리모컨을 드는 부모의 습관, 식사 중에 쉴 틈 없이 핸드폰을 만지는 부모의 습관은 부모가 의식하지 않았지만, 아이들에게는 중요한 습관 환경을 제공한 것이다. 장기적으로 꾸준히 조력할 수 있는 사람은 다름 아닌 부모다. 말로 하는 권유나 강요보다, 몸으로 하는 좋은 본보기가 되어야 하는 이유다.

참고 문헌

| 참고 도서 |

- 《10대의 뇌: 인간의 뇌는 어떻게 성장하는가》 프랜시스 젠슨, 에이미 엘리스 넛 | 웅진지식하우스
- 《공부 못하는 아이: 대한민국 99% 아이들이 겪는 현실을 넘어서다》 EBS다큐프라임제작팀, 함정민, 고휘진, 이진주 | 해냄
- 《그릿: IQ, 재능, 환경을 뛰어넘는 열정적 끈기의 힘》 앤절라 더크워스 | 비즈니스북스
- 《넛지: 똑똑한 선택을 이끄는 힘》 리처드 H. 탈러, 캐스 R. 선스타인 | 리더스북
- 《교수학습방법 연구와 적용의 새로운 패러다임: 뇌과학과 동기이론에 기반한》 김은주 | 학지사
- 《마시멜로 테스트: 스탠퍼드대학교 인생변화 프로젝트》 월터 미셸 | 한국경제신문
- 《마인드셋: 스탠퍼드 인간 성장 프로젝트》 캐롤 드웩 | 스몰빅라이프
- 《마틴 셀리그만의 낙관성 학습》 마틴 셀리그먼 | 물푸레
- 《무한긍정의 덫: 실현 가능한 목표에 집중하는 힘》 가브리엘 외팅겐 | 세종서적
- 《콰이어트: 시끄러운 세상에서 조용히 세상을 움직이는 힘》 수전 케인 | 알에이치코리아
- 《부모트레이닝 가이드북: 속 썩이는 아이를 제대로 훈육하는》 노구치 케이지 | 베이직북스
- 《학교란 무엇인가: EBS 교육대기획 초대형 교육 프로젝트》 학교란무엇인가제작팀 | 중앙북스
- 《학습동기: 이론 및 연구와 적용》 김아영, 김성일, 봉미미, 조윤정 | 학지사
- 《해빗: 내 안의 충동을 이겨내는 습관 설계의 법칙》 웬디 우드 | 다산북스
- 《행복한 결혼을 위한 7원칙》 존 가트맨, 낸 실버 | 문학사상사
- 《회복탄력성: 시련을 행운으로 바꾸는 마음 근력의 힘》 김주환 | 위즈덤하우스

- 《ADHD와 사회성 기술들: 교사와 부모를 위한 단계별 안내》 Esta M. Rapoport | 교육과학사

| 참고 사이트와 자료 |

- https://www.ssrn.com
〈The GED〉 James J. Heckman, John Eric Humphries, Nicholas Salomon Mader | Social Science Research Network | May 2010
- https://www.weforum.org/reports/the-future-of-jobs-report-2020
〈The Future of Jobs Report 2020(일자리의 미래 2020)〉 World Economic forum(세계경제포럼) | October 2020
- https://ged.kedi.re.kr/archives/archivesList.do
GED 영재교육종합데이터베이스 > 업무편람·매뉴얼 > 영재교육 실무 편람

| 참고 영상 |

- SBS 스페셜 〈내 아이, 어디서 키울까?〉 2부 공간의 힘

| 참고 기사 |

- '한국 자살률 OECD 1위…10·20대 급증', 연합뉴스, 2021. 9. 28